敬愛大学学術叢書

再生の経営学
自動車静脈産業の資源循環と市場の創造

粟屋 仁美【著】

Circular Economy and Strategy
Hitomi Awaya

東京 白桃書房 神田

序　本書の視点と問題意識

　経営学は人生学である。企業の経営を司るのは人間であり，その意思決定や経営行動をすべて合理的に語ることはできず，多くの矛盾がある。しかし人間には知恵があり，限定合理性を積み重ねながら，企業経営は行われ社会は構築される。

　本書は，使用済自動車の再資源化（リサイクル・リユースを含む）の産業や市場の限定合理性を，新制度派経済学の理論や経済学的費用を用いながら経営学的に考察したものである。そのうえで「再生の経営」を提案する。加えて「再生の経営」戦略の効く社会「再生の経済」の実現を期待するものである。

　本書は，筆者の専門である CSR（企業の社会的責任，Corporate Social Responsibility）と，そこから導出された戦略論，そして企業経営の意思決定の根幹となる哲学の3つの視点を基軸にしている。これら3点は企業経営において異なるものではない。

　そもそも企業の経営は，市場で財・サービスを交換することである。市場交換により企業は収益を上げ，将来への投資を行う。収益の結果の利潤の実現と投資により，企業の継続が担保される。CSR の考え方は多々あるが，そのように企業が社会に存続し続けることが，企業の最優先の社会に対する責任である。もちろん企業は社会の一員であることより，収益の獲得は他者に配慮し筋の通ったものであることを，社会（ステークホルダー，利害関係者）から期待されている。これが一般的に言われている CSR である。最近では ESG 投資や SDGs 等の考え方も企業経営に期待されている。利潤という経済性の実現にはもちろん，ステークホルダーへの配慮という社会性，この二者を両立させるには，戦略が必要である。また社会性の捉え方は人により異なり，価値判断が必要となる。その価値判断の基軸となるのが（経営）哲学である。

　本書は自動車の再資源化をテーマにしているが，技術的な側面の経営工学

i

を述べるものではない。新技術を崇め奉るものでもない。本書は使用済自動車の再資源化を CSR，戦略，哲学という 3 つの視点より論究し，変遷するビジネスの中で不変の価値観を提起するものである。

　手法としては，まずは使用済自動車の再資源化の現状を，制度や企業事例から把握していくが，経済学的費用を利用して読み解いていきたい。経済学的費用とは会計学で使用する見える費用ではなく，目に見えない費用，例えば機会費用や埋没費用，取引費用などで表されるものである。こうした経済学的費用は，現在の収入や費用のみではなく，時間概念を含む。現在使用した費用は，やがて将来の収入へと生まれ変わるため，一年単位で区切ることが不可能であるし，将来のことは不確実性に溢れていて，どの費用がどの収入につながったかは，具体的に数値には表せない概念である。筆者はこの曖昧模糊とも言える費用というものに，非常に魅力を感じている。費用概念を用いながら他の産業の再資源化と自動車とを比較し哲学や CSR について考える。また自動車再資源化の具体的な過程にフォーカスし，サスティナビリティや価値創造を可能にする戦略を紐解く。

　なお，本書を書くに至った背景を説明する。企業経験を経てアカデミックの世界に籍を移した筆者は，30 歳を超えて大学院に入学した。ゼミの指導教授である亀川雅人先生（立教大学）より，「資本主義社会は，皆が幸せになるように制度設計がなされている」と指導を受けた。そもそも資本主義社会は，私有財産制度の下，ルールに則って自由に商品やサービスを交換し，その差益で継続性を担保する仕組みをとっている。市場交換する商品やサービスは，交換相手すなわち消費者が必要としないと行われない。消費者の望むもの，期待するもの，欲しいものが，市場で生き残る。よって資本主義社会は，消費者と呼ばれる社会構成員全員の幸せを意図した制度設計がなされているはずである。資本主義概念は，時に悪者にされがちではあるが，ファイナンス理論で裏付けされた本質を示す恩師の言葉は，経営学に接する際の座標軸である。

　しかし，現実の資本主義社会は新古典派経済学が所与とする完全市場ではないため，しばしば失敗をする。つまり社会構成員の誰かに不具合をもたら

す。市場の失敗の要因は多様である。ある人にとっての幸せは，誰かの我慢や犠牲によって得られる場合がある。あるいは，ある時代には幸せを生み出していたものが時代の変化で変わってしまう場合もある。地域差，年代差，価値観の差もある。全体最適と部分最適は等しくない。このような市場の失敗があちらこちらで起こっているため，社会は企業に新たな市場の失敗を生み出さない経営をすることの責任，CSR を求めているのである。

　CSR に統一された定義はなく，各人によりその認識は異なる。市場の失敗が多種多様であるのだから当然の摂理である。筆者は茫漠とした CSR を，経済学的費用から考察し，企業の利潤最大化と，そのための社会的費用の私的費用化と定義した。その持論を証明するために，社会的費用を私的費用化，すなわちビジネス化している事例調査を重ねている。その対象は，筆者が自動車メーカーに十数年勤務した経験も影響したのか，自動車産業となった。最初から自動車産業を対象に研究していたわけではない。プラスチック容器や衣料，産業廃棄物などあらゆる領域の社会的費用の私的費用化ビジネスを研究し，結果的に自動車に行きついた。三つ子の魂百までもではないが，社会人として育ててもらった自動車産業に，恩返しのような，故郷に帰るような，そんな懐かしさを感じる研究対象でもある。

　自動車メーカーに勤め始めた新入社員時代に，自動車を作る会社は，自動車の走る道路を自ら造る必要があるのではないかと素朴に感じていた。これが自動車の外部性について考えた最初である。その後，1990 年代後半に瀬戸内海の豊島に見学に行く機会を得た。砂地に埋められている産業廃棄物を踏みしめながら歩いた。そこには車のハンドル等，きらびやかに消費されたであろう製造物の「その後」があった。快適さや便利さなどをもたらしてくれる製造物の自動車は，負の外部性を生んでいた。誤解を恐れずに言えば，自動車メーカーは新車を製造し販売すると同時に，負の外部性を造っているということだ。これが市場の失敗だ。

　「その後」は誰が責任を取るのか。誰がどうしたらよいのか。所有者か，製造者か，販売者か，政府か。それから十数年後に「使用済自動車の再資源化等に関する法律」（2002 年制定，2005 年施行，以下 自動車リサイクル法と表記）が制定されることになる。「その後」はきらびやかではない。放置

すれば我々の社会はゴミに囲まれ，地球はゴミの星になる。「その後」を調査し始めると，「その後」の解決の必要性に意義を感じ，かつビジネスチャンスを見出し，有効な手法を模索しながらビジネスを遂行し市場を創造している経営者や企業に出会った。そんな彼らを，企業を，ビジネスを，経営学的視点で論じて世に知らしめることも，本書の意義のひとつである。

なお本書は，学術書であるが，事例を用いながら，理論と実態との両者を表現するよう心掛けた。ビジネスは生き物であり，自動車の価値観や技術，そして制度は変化する。執筆時には最新のデータを用いるよう努めたが，データや事象はすぐに過去のものとなることも織り込み済である。事例は，ビジネスの実態を考察し理論化する手段としての対象であり，時代を反映しつつ変化するが，分析に用いた理論やそこから抽出される考え方は経年劣化するわけではない。理論は不変である。

また本書は筆者が過去に研究論文や研究ノートとして書いたものを，加筆修正するなどアップデートしてまとめている。よって章をまたいで，制度や先行研究，また理論や言葉の説明が重複している箇所もある。そのため，どの章から読んでもわかりやすいという面もある。

自動車再資源化産業は広範であり本書の研究も道半ばではあるが，我々を豊かにし幸せにしてくれる製造物の「その後」について，少しでも興味を持っていただき，世の中の矛盾について共に考えていただければ幸甚である。

著者

目　次

序　本書の視点と問題意識 ……………………………………………　i

第1章　「再生（資源循環・市場創造）の経営」の提案 ………　1

1.1　本書の目的と市場の失敗 ………………………………………　1

1.2　「再生の経営」の定義………………………………………………　6

1.3　我が国の循環型社会 ……………………………………………　9

1.4　「再生の経営」，「再生の経済」の限界と挑戦…………………　12

1.5　本書の構成 ………………………………………………………　14

第2章　新制度派経済学と環境ビジネス ………………………　19

2.1　社会的課題とビジネスチャンス ………………………………　19

2.2　社会的課題としての環境問題 …………………………………　20

2.3　環境対策と企業行動 ……………………………………………　22

2.4　外部性の内部化 …………………………………………………　26

2.5　取引費用と所有権理論 …………………………………………　27

2.6　資源生産性の向上と戦略 ………………………………………　30

第3章　自動車産業の市場の失敗と使用済自動車の再資源化の現状 ………………………………………………………　35

3.1　市場の失敗と自動車リサイクル法制定の経緯 ………………　35

3.2　自動車再資源化のプレイヤー …………………………………　38

3.3　使用済自動車と自動車リサイクル料金のフロー ……………　39

3.4　自動車リサイクル法の成果と課題 ……………………………　41

第4章　経済学的費用と資源の最適分配 …………………… 47

4.1　本章の目的　………………………………………………… 47
4.2　社会的費用　………………………………………………… 48
4.3　自動車の再資源化市場　…………………………………… 51
　　4.3.1　市場の変化と社会的費用の削減　4.3.2　自動車リサイクル
　　法の評価　4.3.3　再資源化市場の課題
4.4　資源の最適配分　…………………………………………… 56
4.5　まとめ　……………………………………………………… 58

第5章　資源有効活用と CSR　………………………………… 61

5.1　本章の目的　………………………………………………… 61
5.2　CSR と再資源化ビジネス　………………………………… 62
5.3　資源有効活用　……………………………………………… 65
　　5.3.1　外部性の効率的な有価物化と静脈の意義　5.3.2　自動車静
　　脈産業の課題
5.4　静脈ビジネスの抱える矛盾　……………………………… 70
5.5　まとめ　……………………………………………………… 72

第6章　社会的課題と経営哲学　……………………………… 77

6.1　本章の目的　………………………………………………… 77
6.2　先行研究の確認　…………………………………………… 79
　　6.2.1　Kapp, K.W. の社会的費用論　6.2.2　再資源化ビジネス
　　6.2.3　市場のバランス（経済性と社会性，動脈と静脈，需要と供
　　給）
6.3　自動車と食品容器トレーのリサイクルビジネスの比較　………… 82
　　6.3.1　食品容器トレーのリサイクル　6.3.2　自動車の再資源化
　　6.3.3　静脈領域の相違
6.4　社会的課題と企業経営　…………………………………… 87

目 次

　　　6.4.1　メーカーと再資源化　6.4.2　社会的課題を解決するビジネ
　　　スの発展方法
　6.5　まとめ …………………………………………………………… 90

第7章　市場創造と法制度 ……………………………………………… 93
　7.1　本章の目的 ……………………………………………………… 93
　7.2　環境対策ビジネスと法制度 ………………………………… 95
　　　7.2.1　環境対策に関する国際的な動向　7.2.2　我が国の環境対策
　　　と環境ビジネス　7.2.3　自動車リサイクル制度
　7.3　自動車再資源化ビジネスの現状と先行研究 ………………… 101
　　　7.3.1　宇沢の社会的費用論　7.3.2　所有権理論　7.3.3　自動車再
　　　資源化市場
　7.4　自動車と衣類の再資源化ビジネスの比較 ………………… 105
　　　7.4.1　自動車リサイクル法による市場創造　7.4.2　普及する自動
　　　車再資源化ビジネス　7.4.3　衣類の再資源化ビジネス　7.4.4　法
　　　制度の有無による相違　7.4.5　制度化の是非
　7.5　まとめ …………………………………………………………… 112

第8章　自動車解体事業の戦略
　　　　　──静脈のスタート地点── ……………………………… 115
　8.1　本章の目的 ……………………………………………………… 115
　8.2　先行研究の確認 ………………………………………………… 116
　　　8.2.1　自動車解体事業者　8.2.2　中小企業の戦略
　8.3　自動車解体事業の現状 ………………………………………… 120
　　　8.3.1　自動車解体事業者の概要　8.3.2　自動車産業の現状　8.3.3
　　　自動車解体事業の現状分析
　8.4　自動車解体事業者の戦略と課題 ……………………………… 130
　　　8.4.1　中小企業の役割と強み　8.4.2　自動車解体業の製品─市場
　　　マトリックス　8.4.3　自動車解体事業者事例　8.4.4　企業存続の

vii

鍵

8.5 まとめ ……………………………………………………………… 135

第 9 章　静脈市場の付加価値創造
　　　　──静脈と動脈の接点と逆有償── ………………………… 139

9.1 本章の目的 …………………………………………………………… 139

9.2 先行研究の確認と，価値創出理論の提示 ……………………… 141
　　9.2.1　セメント産業・事業　9.2.2　価値創造　9.2.3　先行研究からの導出

9.3 我が国のセメント産業と再資源化 ……………………………… 145
　　9.3.1　セメント産業の概要　9.3.2　我が国のセメント産業の再資源化　9.3.3　静脈川下事業の価値創造

9.4 再資源化ビジネスの事例分析 …………………………………… 148
　　9.4.1　太平洋セメント概要　9.4.2　ASR 再資源化ビジネス　9.4.3　今後の可能性

9.5 まとめ ……………………………………………………………… 153

第 10 章　再生（資源循環・市場創造）の経営
　　　　──矛盾と不変であるもの── …………………………… 157

10.1 個別最適と全体最適 ……………………………………………… 157

10.2 自動車概念の変革とイノベーション ………………………… 160

10.3 企業の心（経営哲学）と技・体（経営行動） …………………… 161

10.4 不変であるもの …………………………………………………… 164

おわりに …………………………………………………………………… 167

viii

第1章 「再生（資源循環・市場創造）の経営」の提案

　本書の目的は，資源をリサイクルして再び財にするという意味と，その財を供給できる市場を創造するという意味の2点を含意した「再生の経営」戦略の提案である。社会の目的である豊かさを実現するには，企業の利潤が手段となる。企業は経営活動として市場交換を行っているが，その交換時には市場の失敗が生じる。その市場の失敗を補完して利潤を得るための企業の策が戦略として有効に機能するようになる，そうした社会の仕組みを提案すべく，新古典派経済学の完全市場，新制度派経済学の限定合理性を用いてアプローチするものである。

　本書では自動車の再資源化を事例に検討するが，自動車の再資源化とは，消費した後の自動車から排出される負の外部性，この市場の失敗を再資源化することで補完するビジネスである。「再生の経営」と共に提起する「再生の経済」概念は，再生材料から製造した財に付加価値を創造することを目的とした産業構造を構築し，その価値を重要視できる社会の実現を可能にする社会のシステムの在り方を示している。再生するものは負の外部性であり，負の外部性を財として提供する市場である。繰り返すが，再生には，資源循環と市場創造のふたつの意味がある。社会のシステムを解釈するには法律面，政治面，経済面からのアプローチもあるが，本書は経営学書であるため，企業の立場より「再生の経営」とそのバックボーンとなる「再生の経済」社会について述べる。

1.1　本書の目的と市場の失敗

　本書の目的は，自動車の再資源化ビジネスから「再生の経営」戦略が競争優位を生みだすことと，それを実現する社会システム「再生の経済」の可能性を提示することにある。再生とは，リサイクルによる資源の再生と，それら資源をリサイクルさせるビジネス・市場の再生（創造）の2点を含意している。経営学理論は流行を追うものではないが，自動車の技術的変化は既存の企業間連携や製造業の在り方，また自動車の概念そのものを転換させる勢いである。そうした変化の中で，再資源化による資源循環は不変の命題である。本書はこの命題に，アプローチが異なるとされる新古典派経済学と新制度派経済学の理論を用い，経営学的にチャレンジする。

　新古典派経済学は，現実の問題を解明するために，最初に最適な資源を配分する理念型の市場を模型として構築し，この模型と現実の乖離を指摘す

る。これは，最適資源配分について議論するために完全市場を所与とする考え方である。一方，新制度派経済学は，現実的な諸制度の組み合わせにより世界を説明しようとする。これは，人間の限定合理性と効用最大化を仮定として，現実の資源がどのように配分されるかを考えるものである。

　本書は最終的に全体最適と部分最適の不一致という矛盾について議論することになる。市場を全体，組織を個別（部分）と捉え，個別の限定合理性を積み重ねることで最適資源配分を可能にできるとの仮説を立て，経営学の理論（CSR，戦略，哲学）を用いて解に近づく。換言すれば，現実に観察される社会と理念型世界の乖離を確認し，この乖離を埋めるための仮説を経営学の理論を援用して説明する。

　議論の前提として，まずは企業と資本主義社会の考え方を確認してみよう。社会の目的を経済面より捉え，豊かさであると定義した場合，その手段は資本主義経済の担い手である企業の利潤の実現である。企業が利潤を獲得し，将来に投資をすることで，その企業の存続は保たれる。企業の利潤を最大化させるためには，ステークホルダーと適正な関係を保ち，適切な資源配分を行うことが手段となる。社会をステークホルダーの束であると捉えれば，このステークホルダーへの適切な資源配分が，社会の経済的目的である社会の豊かさと同義となる。すなわち，社会と企業の目的と手段は連鎖している（図表 1-1）[1]。

　こうした考え方は企業の哲学や CSR と関係する。社会を構成している企業が，社会の豊かさの手段として利潤を最大化するには，経営資源（ヒト・

図表 1-1　社会と企業の目的と手段の連鎖

	目的	手段
社会の視点	社会の豊かさ	（企業の）利潤の最大化
企業の視点	利潤の最大化	ステークホルダーとの利害調整

【出所】筆者作成

1　社会と企業の目的と手段の連鎖については粟屋（2012）に詳しい。

モノ・カネ）をいかに配分するかという戦略（Strategy）が問われる。そもそも戦略とは軍事学で使用されていた用語であり，現代のように企業間競争に用いられるようになったのは 1960 年代と言われている。そうはいえ 1960 年代の企業の競争意識は現在と比較して稀薄であり，戦略理論の対象は，単体企業としての経営リスクの軽減や分散が課題であった。当時は事業の衰退への対抗策として，多角化が促進された[2]。

1970 年代になると経営戦略の主眼点は，多角化した事業の管理へと移る。限られた経営資源をいかに配分するか，すなわち収益の期待できそうな事業にはヒト・モノ・カネを配分し，収益が期待できないと推測される事業への投資は回避する選択を行うことが戦略論の主流となった[3]。

1980 年代では経営戦略の主眼点は，競争のための戦略に移行する。産業組織論の視点より，収益性に富む業界，すなわち魅力的な業界を探し，競争優位に立つことのできる産業や市場に参入することが検討された。また競争戦略論（集中戦略，コストリーダーシップ戦略，差別化戦略）などの考え方も創出された[4]。

1990 年代になると，経営戦略の主眼点は，他者との競争や立ち位置ではなく，個々の企業が保有する経営資源へと移る。これが資源ベース理論（RBV：Resource Based View）と言われるものである。企業の組織的な，あるいはその企業が得意とする能力をケイパビリティと言い，その必要条件は，価値（value），希少性（rareness），模倣困難（imitability），以上を活用する組織の力（organization）の 4 点であるとの理論もある[5]。また企業の固有能力として，知識創造が必要とされた[6]。

2　Chandler（1962）の「組織は戦略に従う」や，Ansoff（1965）の製品と市場の組み合わせ（製品－市場ミックス）は，1960 年代の代表的な戦略理論である。Ansoff は，企業とはヒト・モノ・カネという経営資源を財・サービスに転換して利潤を追求する社会組織であるとし，この転換プロセスと環境との関係を規定するのが戦略的な意思決定であると述べる。

3　1970 年代には，ボストン・コンサルティング・グループのプロダクト・ポートフォリオ・マネジメント（PPM: Product Portfolio Management）が開発された。これは事業や商品を，問題児（Problem Child），花形（Star），金のなる木（Cash Cow），負け犬（Dog）に分類し，事業の収益期待値を推測するモデルである。

4　競争戦略論の代表的な研究者は Porter, M. E. である。

5　Barney（2002）による，4 つの頭文字をとって VRIO と呼ばれる。

6　野中・竹内（1995）

そうした戦略論の発展過程より，現在では戦略を競争戦略と資源ベース戦略の2種類に大別して語られることが多い。しかし，競争戦略論は経営資源に関する視点で補われる必要があり，資源ベース理論は市場側・需要側の視点で補われる必要がある。そこで相手の出方により打つ手を変えるゲーム理論[7]も注目されることになる。

　現在の最先端の戦略論は，変化を感知し，機会を捕捉して行動する，加えて資産・知識・技術を再構築することを含んだダイナミック・ケイパビリティ理論であると言われる[8]。ダイナミック・ケイパビリティ理論は，これまでの戦略理論を複合的に捉え，動態性を持たせたものである。

　以上，戦略論の推移について確認したが，どの戦略にしても目的は，企業が自身の競争優位を持続的に確立することにある。そのためには経営環境と自社の経営資源を客観的に見極めて，ヒト・モノ・カネの配分先と配分方法，割合を決めることとなる。

　雑駁ではあるが戦略論の推移を眺めるに，社会性についての言及は見当たらない。なぜなら戦略論は，ドメインにより確定された製品・サービス市場を議論の対象にしており，社会という大枠を真正面から検討する領域が無いからである。現実には，社会性を配慮する経営行動は多々見受けられる。また社会戦略やCSR戦略，戦略的CSRのように社会性と戦略を結びつける概念は特に2000年以降散見され，企業も社会性を織り込みながら経営計画を立てているといえよう。しかしながら，社会性の重要性は理解しつつ，未だ特別なもの，慈善的なものと認識されている感は否めない。

　本書では先に述べたように，社会と企業の目的と手段は連鎖しているとの立場をとる。我々が意図する戦略は，具体的には企業の社会性を，負の外部性（以下　外部性）を補完するビジネス活動と捉え，企業が市場の失敗[9]，すなわち市場交換により生じる外部性であるひずみを補いつつ，経済性を追求するというものである。以前我々は戦略的にCSRを行う概念として動態

7　相手の出方や，それが業界全体にもたらす変化を予測する戦略理論である。
8　Teece（2007）他。
9　Stiglitz 訳（2014）p.512　市場の失敗とは，市場経済が経済効率性を達成できないような状況をいう。

第1章 「再生（資源循環・市場創造）の経営」の提案

的 CSR[10] を提起した。当該動態的 CSR を，本書では CSR の文言を外し，他の戦略理論と同列に捉え，論じるものである。

外部性は多種多様であり，すべてを網羅する議論も重要ではあるが，あえて本書では製造物の使用後に生じる外部性を対象とし，議論の集約を図る。使用後の製造物を放置するとゴミや廃棄物となり，埋めるか燃やすしかない。そこに外部性が生じる。その外部性を有効活用することを前提とした戦略を「再生の経営」，そして，その戦略が効く経済システムを，資源循環という意味での「再生の経済」と呼び，提案する。

外部性が生じても，換言すれば市場の失敗が起きても，法制度や税金などにより是正され，市場交換は遂行される。こうした是正については，Pigue (1920) が論じた厚生経済学や，環境経営論などの学問分野でも言及されているが，経済学・経営学の全体から眺めれば，それらは構成する一部にしかすぎない。もちろん廃棄物資源の循環や環境経営を研究対象とした学会等では，精力的に研究をする場もあり多くの成果を上げられている。しかし，一般的な経営学においては，企業の環境への配慮は，法令遵守の経営行動であり，法制度を超越する行動は，社会貢献や企業の自主性による社会への配慮といった規範論として，少なくとも今時点では捉えられがちである。社会の不具合への対応は，CSR として盛り込むか，経営者の哲学にそれらが含まれていれば，企業経営に反映されるかということになる。市場の失敗への対応を，企業のルーティン[11] の経営行動として常時，含有することはできないだろうか。

亀川 (1993) は，財務論の観点より，市場の失敗について，広義の概念では，市場が有効性を発揮し得たとしても依然として残る所得配分の不平等・不公正に関わる市場の外在的欠陥とし，狭義の概念では，完全競争市場の均衡がすべての財について普遍的に成立しない状態を示すと述べる。そのうえで，企業の経営意思決定が介在すべき点は，市場の失敗と称される部分であるとする。その場合，静態的な均衡市場の枠組みでは論じることができ

10　粟屋 (2012)
11　Nelson & Winter (1982) は規則的で予測可能な行動のパターンのすべてをルーティンと定義した。p.121

ないため，時間要素，不確実性，取引費用の大小を決定する制度などの問題が認識の対象となると述べる[12]。

　すなわち，市場の失敗は市場交換のひずみであるが，他方で企業にとっては新たな利潤獲得の機会ともなり得る。費用として認識されていなかった廃棄物が社会的な費用として認識されると，それは解決すべき問題として提起される。問題解決は企業活動そのものである。この費用の内部化は，起業活動であり，次第に市場が形成される。ここで，再び新たな問題が発生し，その問題の解決のために起業活動が生まれ，企業と成れば市場が形成されるという循環運動になる。よって本書で提起する「再生の経営」は，資源循環のみでなく，市場の創造という意味も含む。

　「再生の経営」は，企業の利益とはかけ離れた善行や貢献などの領域を扱うのではない。あるべき姿の資本主義社会制度を維持するために市場の失敗を補完し，通常の市場交換を行い，それにより競争優位の獲得を示唆する概念である。留意すべきは，外部性は時代や技術や環境により変化するため，市場の失敗概念も動態的であることにある。市場の失敗の内容が変化しても，その外部性を再生することが社会にとって必要であることは，普遍の真実である。

1.2 「再生の経営」の定義

　戦略は経営資源を配分し，消費者の必要とする製品を作り，収益を上げる策を考えるものである。戦略の中でも効率性を意図した経営活動が，費用の低減には最も効果的である。そうした策は，これまでの経済学・経営学では規模の経済，範囲の経済，経験曲線効果等を通じて検討されてきた。規模の経済とは生産規模の拡大による製品一単位当たりの生産コストの逓減であり，範囲の経済とは，製品・事業の種類の拡大による管理等諸コストの節減である。換言すれば，企業が水平的に拡大する時の行動原理が規模の経済であり，企業が多角化を進める際の行動原理が範囲の経済である。企業は費用

12　亀川（1993）pp.11-12

を抑え収益を拡大することが可能となる。これらは企業の拡大化あるいはコスト削減を主とした視点である。

　環境への配慮がいかに経済的なパフォーマンスを生み出すかの議論[13]は散見されるが，業績が良いから環境配慮が可能である[14]というトートロジーを産んでしまう。また経済性が伴わないと環境への配慮を行わないという意思決定は，経営哲学としていかがなものかという疑問も生まれる。そうした課題を踏まえたうえで，経済性を伴う環境への配慮，特に再資源化を前提にした戦略が必要となる。

　本書で主張する「再生の経営」は企業の視点に加え，社会からの視点，かつ永続性といった将来への時間軸も含むものである。我々の提起は規範論であり，理想論であるといった批判もあるであろう。しかし，すでに自動車再資源化産業に関与する企業は，「再生の経営」を可能にするビジネスを構築しようとしている[15]。

　再生（資源循環）に類似した既存概念としては，環境省が掲げた循環型社会，経済産業省の循環型経済システムがある。外川（2017）は環境省の掲げる循環型社会は，3R を基本とする社会であると述べる。3R とはリデュース（Reduce，発生抑制），リユース（Reuse，再使用），リサイクル（Recycle，再資源化）の 3 つの英語の頭文字を表したものである[16]。経済産業省の関与は，1970 年代のオイルショック時に，当時，通商産業省であったが，省エネルギーとともにリサイクルを資源政策として取り上げていることから始まる[17]。

　経済学では製品のライフサイクルより，生産・消費の領域を動脈，回収・再資源化・廃棄の領域を静脈と呼び，静脈産業の意味づけを行っている。動脈や静脈は，産業・市場・系統などいくつかの接尾語を伴う表現があるが，

13　Klassen & McLaughlin（1996），Jeppesen & Hansen（2004）などがある。

14　スラック資源理論（Slack Resource Theory）。

15　2017 年 9 月現在，トヨタ自動車は「トヨタ環境チャレンジ 2050」を，日産自動車はグリーンプログラムの実行を表明している。　http://www.toyota.co.jp/jpn/sustainability/environment/challenge2050/（2017 年 9 月 19 日 確 認 ） http://www.nissan-global.com/JP/ENVIRONMENT/APPROACH/GREENPROGRAM/（2017 年 9 月 19 日確認）

16　外川（2017）p.34　現実は 3R の中で，Recycle のみが推進されていると指摘している。

17　外川（2017）p.24

本書ではその都度使い分けることとする。経営学では，企業の活動による環境負荷を総合的に捉え削減するための取り組みや，それらの遂行を取り込んだ組織制度等について検討する環境経営という考え方がある[18]。これら既存概念の主眼は市場の失敗を補完することにあり，経済性の言及もされてはいるが，その具現化はこれからの議論に期待される。

その中で，2015年12月に発行された欧州連合（EU）の報告書である「EU新循環経済政策パッケージ（Closing The Loop – An EU Action Plan For The Circular Economy）」では，「循環」をキーワードとして，これまでの経済社会システムの在り方を見直し，新たな産業や経済を構築していくことが述べられている[19]。同報告書や政策提言等の考え方は本書の主張と意図を同じくするため，以下に環境省の文言を借りつつ詳細を記す。

同報告書では「資源効率」や「循環経済」といった概念が提唱され，各種施策が進められていることも述べられている。欧州委員会は資源効率を「環境へのインパクトを最小化し，持続可能な形で地球上の限られた資源を利用して，より少ない資源投入で，より大きな価値を生み出すこと」と定義し，循環経済を，「廃棄物の3Rや資源効率の向上を進めることで，資源の利用及び環境への影響と，経済成長との連動を断ち切る（デカップル，Decouple）こと」を意味している。

そのうえで，「EUにとって持続可能な成長を確実にするためには，我々は我々の資源をより賢く，より持続的な方法で利用しなければならない」，「多くの天然資源に限りがあり，それらを使用していくのに環境的にも経済的にも持続可能な方法を見出さなくてはならない。それらの資源を最適な方法で利用することは，ビジネスの経済的利益でもある」と述べている。そして，製造段階から廃棄物管理，二次材の利用に至るまで，「資源の環を結ぶ（Closing The Loop）」必要性についても言及している。

こうした考え方の背景として，EUが循環を通じて新たな産業の在り方を構築し，欧州の経済成長や雇用につなげ，さらには，人口増加・経済成長に

---

18 鈴木（2005）p.115　環境マネジメントのツールについて詳しい。
19 環境省（2017）p. 87

よって資源消費が増大し，資源需給が逼迫していく世界の経済・社会の将来を見据えていることが推察されると環境省はまとめる。また同省は，こうした動向を踏まえ，廃棄物政策のみならず，生産・消費段階も含んだ，新たな産業や経済成長にもつながるような総合的かつ効果的な取り組みを検討していく必要があると述べている。これらの叙述より，我々の社会の資源循環の実現は，これからの課題であることが読み取れる。

　EU が提言する Closing The Loop や Circular Economy の文言は，今後再資源化の領域でキーワードとなるであろう。EU が率先して電気自動車を推進すること等に，この考え方が反映されてもいるが，本書はこのような国家（EU の場合は共同体であるが）レベルの政策ではなく，市場機能の可能性を信じ，企業の自主自発的な経営行動を論じたい。

　「再生の経営」を定義付けるならば，「製品を資源循環させることによる価値の創造，市場の創造」の具現化である。具体的には既存の製品を，使用後に再生し，原料，材料，中古品として有価物化・市場化することで，その主体が将来のキャッシュを得る（事業化）ことができることである。企業にとっては（生産や処理等）費用，社会にとっては有限の地球資源を節減する，ということであり，単に企業の側からの視点ではなく，社会の視点も兼ね備えているところに特長がある。有価物化することによる経済性の担保，同時に社会全体のサスティナビリティの実現を意図する概念である。

　「再生の経営」を機能させるには，「再生の経済」を所与とする社会経済システムが基盤となる。したがって本書は，「再生の経営」，「再生の経済」を同時に提起する。

1.3　我が国の循環型社会[20]

　「再生の経営」，「再生の経済」を提起するに際し，ここで我が国の環境施策やその背景を確認してみよう。

　現代の我が国の経済社会のスタートは，第二次世界大戦が終了した後の復

20　経済産業省（2016）を参考にまとめている。

興にある。1945 年から高度経済成長時代にかけての環境問題は，汚物による公衆衛生問題であった。

　その後，高度経済成長期を迎えることになるが，右肩上がりの経済成長は大量生産・大量消費の経済状態を生み，それはおのずと大量の排出物・廃棄物を吐き出すこととなった。生産することに注力していた企業は，本意・不本意にかかわらず，そうした排出物・廃棄物に気づくことや適正な処理をすることができず，環境汚染が拡大する。そこで産業廃棄物等の処理責任や処理基準などを定めた廃棄物の処理及び清掃に関する法律（廃棄物処理法）が1971 年に施行された。同法の目的は，「廃棄物の排出抑制，適正な処理（運搬，処分，再生等），生活環境の清潔保持により，生活環境の保全と公衆衛生の向上を図る」ことである。

　「廃棄物」とは，「ごみ，粗大ごみ，燃え殻，汚泥，ふん尿，廃油，廃酸，廃アルカリ，動物の死体その他の汚物又は不要物であって，固形状又は液状のもの（放射性物質及びこれによって汚染された物を除く。）」と定義されている。換言すれば，所有者が自ら利用または他人に有償で売却することができないために不要になったものである。廃棄物処理法により，事業者には，ビジネス活動に伴い生じた廃棄物を自らの責任で適正処理，または廃棄物処理業の許可を有する処理業者に委託することなどが義務付けられた。加えて，不法投棄・不法焼却等も禁止され，罰則の対象となった[21]。

　しかしながら，豊島問題[22]に代表される不法投棄などが社会問題となるなど廃棄物の不適正な処理が露呈したことにより，1991 年には再生資源利用促進法（2001 年に資源有効利用促進法と改正される）が制定される。

　2000 年には循環型社会形成推進基本法が制定され，循環型社会元年といわれた。CSR 元年と呼ばれているのが 2003 年であることより，企業に社会性を問う社会の価値観は，環境面への配慮がトリガーになっている[23]。

21　同上　p.23
22　1990 年に発覚した瀬戸内海の豊島における不法投棄事件のこと。『日本経済新聞』（2017 年 3 月 29 日）によると，1980 年前後から，業者が摘発される 90 年までに不法投棄された産廃は約 90 万トン。香川県は業者への適切な指導を怠ったことなどの責任を認め，2003 年から島外への搬出と，直島に新設した施設での無害化処理を行ってきた。投棄現場は 6.9 ヘクタールに及び総事業費は 700 億円以上である。佐藤・村松（2000）に詳しい。
23　粟屋（2012）前掲　にもその旨が論じられている。

第1章 「再生（資源循環・市場創造）の経営」の提案

循環型社会形成推進基本法[24] は，循環型社会の実現に向けた基本的枠組み
を示し，その道程を明らかにすることを目的としており，我が国の環境の施
策の基本となる。循環型社会とは，

　・廃棄物等の発生の抑制
　・循環資源の循環的な利用（再使用，再生利用，熱回収）の促進
　・適正な処分の確保により，天然資源の消費を抑制し，環境への負荷が低
　　減される社会
のことである。循環資源とは，有価・無価を問わず，廃棄物等のうち有用な
ものと定義されている。

　循環型社会を形成するための基本原則として，循環型社会の形成に関する
行動が，自主的・積極的に行われることにより，環境への負荷の少ない持続
的発展が可能な社会の実現を推進する 3R が掲げられている。

　①発生抑制（リデュース，Reduce）
　②再使用（リユース，Reuse）
　③再生利用（マテリアル・リサイクル，Recycle）
3R に続き，
　④熱回収（サーマル・リサイクル）
　⑤適正処分
といった優先順位が付けられ，対策を推進すること，自然界における物質の
適正な循環の確保に関する施策等と有機的な連携をとることが述べられてい
る。

　それらを推進するために，各プレイヤーに責務があるとされる。まず国
は，基本的・総合的な施策の策定・実施である。地方公共団体は，循環資源
の循環的な利用及び処分のための措置の実施，また自然的社会的条件に応じ
た施策の策定・実施である。次に事業者，すなわち本書で言及している企業
であるが，循環資源を自らの責任で適正に処分（排出者責任）すること，ま
た製品，容器等の設計の工夫，引取り，循環的な利用等（拡大生産者責任）
である。消費者である国民には，製品の長期使用，再生品の使用，分別回収

24　循環型社会形成推進基本法については経済産業省（2016）前掲　p.13 を参考にした。

11

への協力が挙げられている。

これらを具体的に推進するために，特定の製品のライフサイクル（生産→流通→消費・使用→回収）の消費・使用から回収にかけては，以下の法律が定められている。容器包装リサイクル法（1997年施行，2006年6月改正），家電リサイクル法（2001年施行），食品リサイクル法（2001年施行，2007年6月改正），自動車リサイクル法（2005年施行），建設リサイクル法（2002年施行），小型家電リサイクル法（2013年施行）である。

我々が研究対象としている自動車のリサイクル（本書では再資源化と称する）も，上記法制度のひとつであり，こうした社会的背景と制度に組み込まれている。我が国では循環型社会の構築のために，国・地方公共団体，企業，消費者の三者で役割を分担しようとしている。消費者も法制度遂行の義務を負っており，市場に供出された製品の所有権をその都度明確にし，所有者が再資源化の処理費用を分担しているのである。

1.4　「再生の経営」，「再生の経済」の限界と挑戦

1.3で述べた制度は，企業の生産活動において市場の失敗が生じており，それを是正するために構築されたものである，と少なくとも我々は捉えている。そうした制度は消費者が，もっといえば消費者を含むステークホルダーの束である社会が，現状の技術や環境を鑑みて，市場の失敗を容認し，皆でそのひずみをカバーしようとする社会の総意の表れである。それが前節で述べた環境保全に関する法制度である。

そもそも企業は財・サービスを市場で交換することで利潤を獲得し，それを将来に向けて投資することで，自らの存続を担保する。利潤の獲得は，消費者の欲する財・サービスを提供することで実現できるため，利潤の実現は，企業が消費者の効用を満たしていることと等しい。よって長期的に儲かっている企業は，ビジネスを通して消費者に貢献している企業であるといって間違いないであろうし，その利益は妥当なものである。

しかし，商品の製造や販売等，企業活動の際に，換言すれば市場交換の際に，市場の失敗が生じているとしたならば，その利潤には不当な収入が含ま

れることになる。先述したように市場の失敗に対しては，国・自治体，消費者，企業が分担して補完しており，我々の経済生活は滞りなく機能している。よって，我々にはそのひずみは認識しづらい。市場の失敗は，市場の「見えざるひずみ」であり，そのひずみは蓄積され続け，将来的に大きな損傷として露呈し新たな負の外部性を産みだす恐れもある。

　目に見えないひずみの溢れる現代において，企業が市場の失敗を生じさせずに交換活動を可能にできるならば，それは他者の技術やビジネスシステムとは差別化した経営行動の構築となり，まさに戦略となる。しかしながらひずみが全く存在しない社会はありえない。我々人間が生きていれば二酸化炭素を吐き出すように，企業も活動をすれば，なにがしかの外部性を生じてしまう。3R のひとつである Reduce は，企業にとって可能な，せめてもの外部性によるひずみの最小化策であろう。

　「再生の経済」は市場の失敗を逆手にとり，活用する戦略が効く社会のことである。戦略とは，市場の失敗で生じた外部性を価値ある財に転換する「再生の経営」である。これは現在の自動車再資源化ビジネスとして，関連企業が鋭意取り組んでいるビジネスである。しかしながら，経済性の確立は道半ばである。

　「再生の経営」が機能するためには，再生資源が動脈で資源として購入されることが前提となる。「再生の経済」が，規模の経済や範囲の経済のように，費用よりも収益が高じるようにするには，次の条件が整うことが必要である。

　まずは，再生資源や再生品の需要が市場にあることである。

　その際，再生資源や再生品に，バージン資源もしくはバージン資源で作った製品と同等の扱いを求めるならば，再生資源や再生品の質が，バージン資源もしくはバージン資源で作った製品と，同等か高品質であること，価格が同等か安価であることである。

　　再生資源や再生品の質 ≧ バージン資源やバージン製品の質
　　再生資源や再生品に要する費用 ≦ バージン資源やバージン製品に要する費用

他方で，再生資源や再生品に，バージン資源もしくはバージン資源で作った製品ほどの質を求めない場合，再生資源や再生品に要する費用（購入，再生，製造，販売）が，買い手が想定する費用よりも安価であることである。

そして，再生の対象となる資源（廃棄物）に，ある程度の量が存在することである。この4点目は，3Rの一つであるReduceと二律背反する。

以上が実現できれば，「再生の経済」が効くであろう。そのため本書で扱う自動車の静脈産業は，使用済自動車を解体し，破砕し，リユース品として付加価値をつけ再販売をする，またマテリアルリサイクルをして再素材化する，サーマルリサイクル用に商品化するなど技術開発やビジネスモデル開発を鋭意行っている。静脈産業における「再生の経営」の究極の目標値は，使用済自動車より生まれる財の総合値が，新車に使用される材料や部品の総合値と同等かそれ以上の価値になることである。

しかし静脈で創造される財の価値には総量の限界がある。それは動脈で創造された財の総価値である。自動車産業の動脈では，自動車が生産され一台ごとに販売価格が設定されているが，その自動車が使用済となった後には，中古部品，鉄スクラップ，非鉄金属，熱源として市場化される。これらの価値の総和，すなわち販売価格と，新車として販売される自動車価格と比較すると，新車のほうが高い。この点が静脈市場のボトルネックであり，ここに「再生の経営」の限界がある。

本書はReduceとの矛盾や，経済性の限界を踏まえた上での「再生の経営」，「再生の経済」を提起し，経営学的に検討し，その可能性を探る。一種の挑戦でもある。

1.5　本書の構成

本書で提起する「再生の経営」，「再生の経済」を理論として説明するためにも，次章からは自動車の再資源化ビジネスについて，テーマごとに検討し，その可能性と課題を述べる。使用済自動車の市場は主体が多様であり，同じものでも視角によって見えるものが異なる。考察対象は自動車の再資源

化ビジネスであり叙述や確認事項が重複する箇所が何度もあるが，見えるものの相違を明確にしたいため，あえて反復させている。

まず第2章では，再生の経済の具現化を試みる環境ビジネスについて，社会的費用の私的費用化の視点よりアプローチする。新制度派経済学の理論を用い，環境ビジネスが社会的費用の私的費用化を遂行するビジネスモデルであり，市場の創造であることを検討する。

第3章では，本書のターゲットである使用済自動車の再資源化ビジネスの現状について把握する。我が国の使用済み自動車をめぐる法制度を確認し，それを取り巻く産業や事業体について紹介をする。

第4章では，第2章で論じた経済学的費用を用い自動車の再資源化静脈市場における資源の最適配分について検討する。ものづくりには製造・消費領域の動脈市場と，回収・廃棄・再生領域の静脈市場がある。静脈市場が社会的にどのような機能を有しているか，経済学的費用で明らかにする。

第5章では，資源有効活用と社会責任経営について述べる。具体的には，社会における企業の在り方を一考する際に基本となる，持続可能性の追求について議論し，CSRとは資源有効活用に資するビジネスを慈善で行うのはなく，企業自らも持続可能となる価値を創出する概念であることを述べる。

第6章では，経営哲学の視点より，社会的課題を解決するビジネスについて述べる。具体的には自動車のリサイクル市場と，食品容器トレーのリサイクル市場を比較するものである。企業と市場の両側面より静脈市場の課題に言及し，静脈市場を含有した経営学の必要性を述べ，経営哲学に新たな視点を提起することを目的とする。

第7章では，静脈市場と法制度の関係について検討する。自動車再資源化ビジネスの促進に対し，自動車リサイクル法がいかに貢献したかを，国際的な位置づけや市場創造過程を考察した上で，衣類のリサイクルビジネスと比較し，所有権理論の観点より検討を行う。議論を通して，法制度の限界にも言及する。

第8章では，自動車静脈市場のスタートとなる自動車解体事業者に特化し，中小企業の多い解体事業を基礎的な戦略理論を援用して整理し，企業が永続するための課題を提起する。市場拡大の策のひとつとして，グローバル

展開も視野に入れる。

　第9章では，静脈と動脈の接点である素材産業，特にセメント事業者を考察対象とし，逆有償という取引形態も含めた上で，静脈市場の付加価値創造について議論する。

　第10章では，本書が提起する「再生の経営」，「再生の経済」の特色，意義を述べる。自動車は2018年現在，変化の真っ最中である。10年後には自動車の概念や機能が変化するであろう。空飛ぶ自動車の出現も近い将来であるかもしれない。そうした変化の激しい我々の社会において，変わらないものが「再生の経営」，「再生の経済」を機能させるための，CSR，戦略，哲学であることを述べる。

　念のため繰り返すが，本書は再資源化の最新技術や手法について述べるものではない。自動車の再資源化ビジネスを考察対象とし，現実と理念の乖離を埋めるための仮説である「再生の経営」戦略と「再生の経済」（資源循環・市場創造）の効く社会の意義や意味を，経営学のCSR論，戦略論，哲学等を援用して説明するものである。

＊本章は，粟屋仁美（2017）「自動車解体事業の海外戦略に関する一考察」『敬愛大学研究論集』第91号 pp.3-24 を基にし，大幅に加筆修正している。

【参考文献】

Ansoff, H. I. (1965) *Corporate Strategy : An Analytic Approach to Business Policy for Growth and Expansion*, McGraw-Hill. (広田寿亮訳（1969）『企業戦略論』産業能率大学出版部)

Barney, J. B. (2002) *Gaining and Sustaining Competitive Advantage*, Pearson Education, Inc.

Chandler, A. D. (1962) *Strategy and Structure*, Massachusetts Institute of Technology. (有賀裕子訳（2004）『組織は戦略に従う』ダイヤモンド社)

Jeppesen, S. & Hansen, M. W. (2004) "Environmental Upgrading of Third World Enterprises Through Linkages to Transnational Corporations: Theoretical Perspectives and Preliminary Evidence," *Business Strategy and Environment*, No.13, pp.26-274.

Klassen, R. D. & McLaughlin, C. P. (1996) "The Impact of Environmental Management on Firm Performance," *Management Science*, Vol.42, No.8, pp.1199-1214.

Nelson, R. R. & Winter, S. G. (1982) " An Evolutionary Theory of Economic Change,"

Harvard University Press.（後藤　晃・角南　篤・田中辰雄訳（2007）『経済変動と進化理論』慶應義塾大学出版会）

Pigue, A. C.（1920）*The Economic of Welfare*, Mac-Millan.（千種義人・気賀健三他訳（1966）『厚生経済学』東洋経済新報社）

Porter, M. E.（1980）*Competitive Strategy*, The Free Press.（土岐　坤・服部照夫・中辻萬治訳（1982）『競争の戦略』ダイヤモンド社）

Stiglitz, J. E.（2006）*Economics, 4th edition*, W. W. Norton & Company, Icc 藪下史郎・秋山太郎・蟻川靖浩・大阿久博・木立　力・宮田　亮・清野一治訳（2012）『スティグリッツ入門経済学 第 4 版』東洋経済新報社。

Teece, D. J.（2007）"Explicating Dynamic Capabilities: The Nature and Microfoundation of（Sustainable）Enterprise Performance," *Strategic Management Journal*, Vol.28, No.13, pp.1319-1350.

粟屋仁美（2012）『CSR と市場―市場機能における CSR の意義―』立教大学出版会。

亀川雅人（1993）『企業資本と利潤』第 2 版，中央経済社。

経済産業省（2016）「資源循環ハンドブック 2016　法制度と 3R の動向」。

佐藤正之・村松祐二（2000）『静脈ビジネス―もう一つの自動車産業論―』日本評論社。

鈴木岩行（2005）「現代企業の環境経営」佐久間信夫編著『現代経営学』学文社。

外川健一（2017）『資源政策と環境政策』原書房。

野中郁次郎・竹内弘高（1995）『知識創造企業』東洋経済新報社。

環境省（2017）『平成 28 年版　環境白書　循環型社会白書／生物多様性白書』

トヨタ自動車ホームページ
http://www.toyota.co.jp/jpn/sustainability/environment/challenge2050/　（2017 年 9 月 19 日確認）

日産自動車ホームページ
http://www.nissan-global.com/JP/ENVIRONMENT/APPROACH/GREENPROGRAM/（2017 年 9 月 19 日確認）

『日本経済新聞』（2017 年 3 月 29 日）
https://www.nikkei.com/article/DGKKZO14625320Y7A320C1LA0000/?n_cid=SPTMG 002　（2017 年 10 月 11 日確認）

第2章 新制度派経済学と環境ビジネス

　第1章では，「再生の経営」に，資源の循環と市場の創造のふたつの含意があることを述べた。本章では本書で展開される議論を最初に総括した叙述であるが，後者の，負の所有権を財に変えて市場を創造する仕組みについて触れている。

　社会的課題に環境対策があることを示し，その解決策をビジネス化することが，企業の社会性と経済性の両面に貢献することを理論化した。そのビジネスとは社会的費用で賄われていた負の外部性を企業が取り込み，内部化して正にすることである。それを我々は，外部性の内部化，社会的費用の私的費用化と提起する。また我々にとってCSRは，企業が経済的目的である利潤を実現する手段として社会的費用を私的費用化することである。社会的費用の私的費用化は新制度派経済学の取引費用や所有権理論により分析できる。経済性の成り立つ環境ビジネスの遂行には，取引費用の発生を所与としたうえで，資源生産性を可能とする所有権の把握，移転，分散などが行われていることになる。

2.1　社会的課題とビジネスチャンス

　本章の目的は，新制度派経済学の理論を用い，再生の経済の具現化を試みる環境ビジネスモデルについて検討することにある。環境ビジネスが，本書で述べる再生の経済の柱のひとつである市場の創造を可能にすることを述べる。

　企業が競争優位を獲得するにはいくつか手法があるが，そのひとつに社会変化への素早い対応がある。社会環境や価値観が変化する時に新たに必要とされる市場の創造が，それに含まれよう。社会の変化は，従来は当然のように社会的費用[1]で賄われていた活動を，企業が市場交換の対象として扱うことを可能にするからである。社会的費用は生産者である企業が市場交換した財に対し負担するべき費用を，市場の機能不全により他の第三者が負担している費用と本書では定義するが，広く捉えれば，家事代行や保育ビジネスなどもそれに相当する。ビジネスのチャンスの源泉は，社会的費用で賄われている我々の社会的課題に潜んでいる。

1　社会的費用については本章でも述べるが，第4章で詳述する。

社会的課題は社会環境や価値観により姿を変え，その解決手法も変化させる。その変化は，社会の需要と供給のバランスがとれるように社会制度を再構築させる。社会制度とは法制度化されたものと，法制度化されてはいないが社会構成員の良識としての不文律をも含む。社会的費用で賄われていたものを私的費用として企業に内部化することが制度化された場合や，不文律として社会が強く望んだ場合，企業は経済性が成り立つようにビジネス化することになる[2]。

　よって社会環境や価値観の変化は，ビジネスのチャンスを得る時と，ポジティブに捉えることができる。そうであるならば，企業は他者によって社会的費用の対象が市場化される以前に，先手を打ってビジネス化することが望ましい。市場に初期に参入した場合と後参入のタイミングの差は，その後の利益の実現を左右する。出遅れた企業が利益を得るためには，先行者を追随しつつ，先行者が成しえていない目新しい財・サービスを消費者に提供することが必要となり，先行した場合よりも大きな費用を要するからである。他社を凌駕する経済性の確立は，時間の差によって決定するといっても過言ではない。

2.2　社会的課題としての環境問題

　現代の社会的課題のひとつに環境問題がある。環境問題には環境汚染防止，地球温暖化対策，廃棄物処理，自然環境保全などが挙げられるが，本書では廃棄物処理に着目する。

　廃棄物は，大量生産・大量消費を繰り返しながら成長してきた資本主義経済社会が生んだ外部性である。外部性による悪影響が顕在化したことで，社会全体の環境保護意識が拡大・高揚し，我が国でも高度経済成長期の公害問題対策はもちろん，近くは 2000 年を境に環境保護を意図した制度が増加した。法制度により廃棄物の削減や処理方法が規定・管理され始めたわけである。同時に廃棄物とされてきたものを有効活用し有価物化する環境ビジネス

2　制度との関係は第 7 章で述べる。

が拡大・成長し始めた[3]。

　廃棄物を有効活用し有価物化するということは，外部性を内部化すること
を意味する。それは，外部性を補完するために生じた社会的費用を私的費用
化することでもある。社会的費用の私的費用化は，法制度等の強制力に促進
される側面もある[4]ため，環境ビジネス市場も拡大するのである。

　環境基本法（1993 年）には日本の環境政策の根幹が述べられており，そ
れを基軸に循環型社会形成推進基本法（2001 年完全施行）が制定されてい
る。循環型社会形成推進基本法により，製品の生産者は製品の再利用や処理
についても責任を負うという拡大生産者責任の原則が規定された。その一環
としての資源有効利用促進法には，第 1 章でも述べたが，家電リサイクル
法，グリーン購入法，建設リサイクル法，自動車リサイクル法，食品リサイ
クル法，容器包装リサイクル法などがある。

　廃棄物処理およびリサイクルビジネスは，これまでは廃棄物として処理さ
れていたものを，有価物化して再度市場に提供する業態であり，本章で述べ
る環境ビジネスである。廃棄物の処理方法には五段階あることは先述した
が，この段階は廃棄物処理の優先順位を示している（図表 2-1）。

　最も上位概念とされるのが第一段階のリデュース（発生抑制）であり，製
造時，消費時に廃棄物となる数量の抑制である。次がリユース（再使用）で
ある。中古部品市場はもちろん，市場を介さなくても他者の使用した洋服を
譲り受けるなどもこれに相当する。続いてがリサイクル（再資源化　マテリ
アルリサイクル）である。この第三段階のマテリアルリサイクルには，元の
製品と同じ用途にリサイクルする水平リサイクル（クローズドリサイクルと
も呼ぶ）と，異なる用途にリサイクルするカスケードリサイクルが存在す
る[5]。第四段階がサーマルリサイクル（熱回収）であり，大量のエネルギー

3　環境省（2011）p.257
4　詳細は粟屋（2012a）を参照のこと。
5　水平リサイクルの事例としては，アルミ缶をアルミ缶に，透明ガラスを透明ガラスに，ペット
　ボトルをペットボトルに，などである。カスケードリサイクルの事例としては，用紙をリサイクル
　した再生紙を雑誌用紙として使用し，その雑誌などを回収した後，卵パックなどのパルプモー
　ルドにもう一度再生するもの，また透明ガラスを緑色ガラスに再生紙，その使用後は黒色ガラス
　として再生するもの，またペットボトルを PET 繊維として再生し，それらをフリースなどの衣
　類にするもの等である。なお，ペットボトルのリサイクルビジネスについては，第 6 章で述べる。

図表 2-1　循環型社会の姿

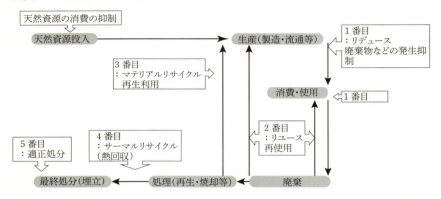

【出所】　環境省（2011）『平成 22 年環境白書　循環型社会白書／生物多様性白書』p.247 を基に筆者作成

を利用する企業が行っている。最終的な第五段階が適正処分，すなわち埋め立てである。国土の狭い我が国では，特に埋め立て処分場の残余の問題もあり，埋め立てに至るまでの段階を推進し，埋め立て量を根本的に削減したいと考えている。

2.3　環境対策と企業行動

　最初に，環境ビジネスの考え方について確認しておきたい[6]。我が国において企業活動により環境への負の被害が生じることは，1970 年代に認識され，公害問題として関心を集めることとなった。同時期より，企業は環境対策を社会的課題として捉え，その解決を経営行動に含み始める。この時代は製造時の大気汚染や水質汚濁などの外部性を，極力排出しないことが主な活動であった。法制度への対応とも言えよう。その後，環境対策をビジネス化することが一層活発化したのは，2000 年代初頭からであり，企業にとっては CSR のひとつである[7]。この時代の環境対策ビジネスは，1970 年代の負の外部性を抑制するのみでなく，広範囲に及び始めた。

6　環境ビジネスの考え方は粟屋（2010）に詳述してある。
7　CSR については第 5 章で詳述する。

公害や環境汚染は負の外部性である。外部性を企業が内部化するということは，社会的費用で処理されていた外部性を私的費用，すなわち企業が自らの費用を使って内部化することである。内部化するとはビジネスとして成り立つようにするということである。CSR には多様な定義があるが，我々は，社会的費用の私的費用化を意味する概念と定義している。CSR は，法令を遵守することで市場交換を適正に行う静態的な面と，昨今の環境ビジネスのように，自社の強みを活かし他社との差異性を有し，将来を見据えて市場を創造する動態的な面がある。前者は，企業が現在の市場に参加する条件を獲得するものであり，我々は静態的 CSR と呼ぶ。後者は，将来の社会的費用の私的費用化の先取りであり，我々は動態的 CSR と呼ぶ。どちらの CSR も，企業が将来にわたり獲得すべき収入のために必要とされる CSR である。

CSR を鳥瞰し，社会全体における意義として述べるならば，企業の不適正な超過利潤を是正する活動である。CSR 概念は企業が当然支払うべき費用を適正に負担することを促し（式①の右辺），その結果，新たな経営資源を流入させるシグナルとなる利潤（式①の左辺）を是正する。CSR を伴う活動が費用として CSR から差し引かれ，左辺の利潤が企業の経営行動の実態を正しく表すことができれば，左辺の利潤は社会全体の資本資源の合理的，効率的な配分に寄与することとなる[8]。

利潤＝収入－費用　……式①

こうした活動を行うための企業の費用のフレームワークは，社会の価値観が社会規範を変革することで形成される。社会的費用の私的費用化を推進する社会規範のトレンドは，企業よりはステークホルダーを重視し保護するように感じられる。しかし，それは企業にデメリットのみをもたらすものではない。企業の社会的費用の私的費用化は，市場の失敗を明確にすることで競争市場を再構築し，企業の自由闊達な交換を可能とする。市場は失敗を繰り返し，その都度社会的費用を生じるが，それは新たな市場形成の可能性を示す。ここに企業が CSR を動態的に行うチャンスが存在し，新たなビジネス

8　CSR 概念の詳細は粟屋（2012a）を参照のこと。

が創出されることが示唆される。したがって企業は適正な超過利潤を獲得するために，社会の期待に感応的になりながら，新しい市場に参入するための準備や，市場を形成するための費用を負担することが求められる。動態的なCSRの遂行は，無駄な費用の流出ではなく，将来企業が負担することになる費用の事前準備であり，先払いである。同時に先払いをしないことにより発生するリスク，例えば市場からの締め出しや社会からの批判の回避でもある。こうした活動の顕著な分野が環境ビジネスである。

　環境ビジネスの遂行は，企業が収入を得るために支払うべき費用であったにもかかわらず，社会に負担させてきた費用を企業自らが内部化することであり，将来の企業の利潤を実現する活動である。また動態的に行う環境ビジネスは，新たなビジネスや市場を創出する活動でもある。しかしながら，企業が法制度により規定されていないにもかかわらず，社会的費用を私的費用化したことで経営破綻したのでは本末転倒である。あくまでも経営行動の基本は，自らの経済性の担保と永続性であることを企業は認識した上で，社会の期待する環境ビジネスを選択することになる。

　以上の考え方を前提として，社会の期待する，もしくは社会が将来的に必要とすると考えられる環境ビジネスを考察するために，本書は使用済自動車を対象に論じている。

　さて，我が国では，1993年に環境基本法等法制度が構築されて以来，環境保護対策に関する法制度は整いつつある。経済面では，環境省によると環境産業（国内にある環境産業にとっての内外市場）の市場規模は2000年に57.7兆円であったが2015年には104兆2,559億円と成長している（図表2-2)[9]。

　そうした環境対策に配慮する経営を，Esty & Winston (2006)[11] は，環境性と経済性を高める活動であるとする。その活動には，マイナスを抑制する側

9　環境省ホームページ「環境産業の市場規模・雇用規模等の推計結果の概要について（2015年版）」(2017)　http://www.env.go.jp/policy/keizai_portal/B_industry/1-3_suikei.pdf　(2017年9月11日確認)

10　環境産業市場規模検討会 (2017)「平成28年度環境産業の市場規模推計等委託業務環境産業の市場規模・雇用規模等に関する報告書」p.17　http://www.env.go.jp/policy/keizai_portal/B_indus-try/b_houkoku3.pdf　(2017年9月14日確認)

11　Esty & Winston (2006) p.46

第 2 章　新制度派経済学と環境ビジネス

図表 2-2　我が国における環境産業の市場規模の推移

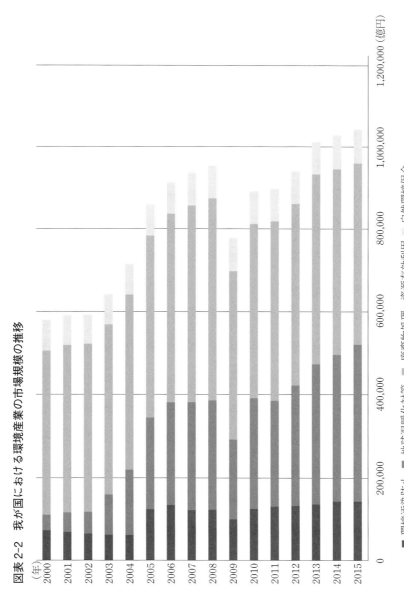

【出所】環境省 2017 年 3 月発表資料より筆者作成[10]

面と，プラスを増加させる側面があると述べている。マイナスを抑制する活動とは，具体的には環境マネジメントシステムを導入することや，バリューチェーン全体での仕組み作りを行うことで，環境負荷物質の排出量や環境リスクを削減できるとする。そのための環境設備投資が必要な場合は費用を要するが，汚染排出処理のための費用は減少する。プラスを増加させる活動とは，環境ビジネスで収益を上げることを意味する。加えて，長期的な視点では，社会活動で企業価値を向上させることを示すとされている。

Esty & Winston と同様に Porter & Van der Linde（1995）は，環境ビジネスへの取り組みは企業に競争優位をもたらすと述べている。Hart(1997) は環境ビジネスを行うには，環境保全から社会のサスティナビリティ（持続可能性）へと企業がその戦略的思考を発展させることが必要であると述べる。その根拠は Meyer & Kirby（2010）が，外部性の内部化が企業のリーダーシップの大転換を後押しする要素のひとつであり，企業の責任を測る本当の物差しであると述べていることからも明解であろう。

2.4 外部性の内部化

環境ビジネスは，環境保全の必要性により生じたビジネスである。そもそもは，企業活動による廃棄物や環境汚染物質の露呈や増加が，環境に配慮する社会の意識を高揚させるに至った原因であった。廃棄物や環境汚染物質は，市場交換により生じた負の外部性である。この外部性の処理は，社会的費用で賄われてきた。つまり，廃棄物や環境汚染物質の処理や防御に要する費用は，社会全体が負担してきたのである。社会環境の変化や価値観の変化により，廃棄物や環境汚染物質を排出する企業に，それらの抑制や処理を負担することを，多くのステークホルダーが期待するようになった。よって企業は外部性を内部化するビジネス，すなわち環境ビジネスに着手し始めている。

外部性を内部化する活動には，社会的意義と経済的意義のふたつの意義がある。社会的意義とは，社会全体の資源生産性の向上である。経済的意義とは，リサイクルをしても残存してしまう廃棄物の有効活用による効率的な資

源配分への寄与である。

外部性を内部化するビジネスには、自ら生じた外部性を内部化する場合と、他者が生じた外部性を内部化する場合がある。法制度以上のことを行う場合は、当然どちらも採算の取れる見通しが立った上でのビジネス化でなければならない。

企業に社会性は重要とはいえ、慈善団体ではない。よって社会的課題を解決するという外部性の内部化は、短絡的に判断し解決することのできない活動である。そうしたビジネス化には、経済合理性が必要であることはもちろんのこと、リーダーの社会的ミッションに対する責務やその責務を負うことを推進するリーダーシップが、トリガーになっているともいえよう。よって環境ビジネスの遂行には、経営者・企業の哲学が透けて見えるのである[12]。

2.5　取引費用と所有権理論

外部性はその所有権の有無や、所有権の価値によりプラスかマイナスかが決まる。そしてその所有権の移動には取引費用が発生する。よって本書は所有権や取引費用の概念を有する新制度派経済学の理論を用いる。新制度派経済学とは、取引費用理論、エージェンシー理論、所有権理論（Theory of Property Rights）[13] の3つの領域から成り立っている。これら3つの特徴は、人間の限定合理性を所与とし、比較制度分析を行うことにある[14]。

本書で援用するのは取引費用理論と所有権理論である。取引費用とは取引する際に生じる経済学的費用のことである。具体的に Coase（1988）は以下の5点を挙げている[15]。

①交渉をする相手を見つけ出すこと

②交渉をしたいこと、および、どのような条件で取引しようとしているか

12　哲学との関係は第6章で述べる。

13　所有権理論は、Coase (1960)、Demsetz (1967) 等によって議論されている。

14　菊澤（2006）によると、「人間の限定合理性は、機会主義（opportunism）やモラルハザード（道徳欠如）等で説明される。また、比較制度分析とは、唯一絶対的な方法はなく、ある状況で、限定合理的ないくつかの実行可能な複数の制度が比較され、どれがより効率的な制度なのか、どれがベターなのかが比較分析されることを示す（pp.3-4）。」

15　Coase (1988, 訳 1992) p.9

を人々に伝えること

③成約に至るまでにさまざまな駆け引きを行うこと

④契約を結ぶこと

⑤契約の条項が守られているかを確かめるための点検を行うこと

Coase が社会的費用を議論した際に，"Cost of Market Transactions" と用いた文言が，その後"Transaction Cost"取引費用として知られることになった。

所有権とは，経済主体間で取引される対象である。Coase（1960）は，所有権は財やサービスの物理的なものではなく，それらが有する属性や機能だとする。よって所有権理論とは，交換取引されるのは財それ自体ではなく，財が持つ特定の所有権であると考え，その観点から資源配分の効率性問題を解く理論である[16]。

高度経済成長時代の我が国では，廃棄物や環境汚染の所有権が曖昧であったため，多様な公害問題が発生した。当時，廃棄物や環境汚染の対策のために要した費用は，社会全体が支払っていたわけである。これが社会的費用である。その後，そうした公害は企業のビジネス活動により発生していたことが明らかになり，該当する企業に廃棄物や環境汚染の所有権が認められることになる。その結果，廃棄物や環境汚染の所有権を有する企業は，社会的費用の私的費用化，すなわち外部性の内部化を行うことになる[17]。

このように所有権の存在は，市場交換時に費用を負担すべき主体を明確にし，社会的費用を抑制することに寄与する。しかしながら，廃棄物や環境汚染の把握や認識は困難を伴い，所有権の明確化は容易ではない。それ以上に社会的費用の認識も困難であり，誰がどれだけ負担しているかの推測や解釈は多様である。外部性を明確にし，私的費用化する負担者を指定することは単純ではない。

所有権を明確にするに際し Coase（1988）は，外部性の内部化は相互的性質を備えた問題であり，真の論点は，B に対して損害を与えることを A は許されてよいか，A に対して損害を与えることを B は許されてよいかと問い，

16　菊澤（2006）p.14　第7章で詳述する。
17　粟屋（2009）

28

より大きな損害のほうを避けることにあるとする。そのためには，全体的かつ限界的な観点からの考察が必要であると述べる。そうした考察をするには，AやBが蒙る外部性の相対的な把握が必要になるが，外部性は曖昧な概念であり，繰り返しになるがその認識は容易ではない。

Demsetz（1967）によると，外部性の内部化は所有権における認識の変化に関係する。所有権の認識の変化とは，生産物の諸機能における変化や市場価値，欲望の変化である。すなわち企業の技術開発や社会の需要の変化である。こうした変化が進展することで，内部化の利益が内部化の費用よりも大きくなる時，外部性の内部化に発展する。つまり，増大した内部化は，経済的諸価値の変化の結果であり，古い所有権の認識では殆ど適合することのできない，新しい技術の発展や新しい市場の開始に由来すると述べる[18]。所有権は財産権なのである。

外部性や社会的費用等の概念は，古くはPigue（1920）に代表される厚生経済学において，市場外の所有権の曖昧なものとして扱われてきた。成熟した社会環境の昨今では，そうした外部性は，差別化可能な領域として経営学でも研究が盛んになりつつある。先述したMeyer & Kirby（2011）は，「責任ある企業」は，「外部性を着実に内部化している企業」であると述べる。すなわち「外部性を着実に内部化している企業」は，感知能力を駆使して，自らが社会に及ぼす影響を測定し管理していることの表れであり，外部性を着実に内部化することは，リーダーシップをとることが可能な企業の大転換を後押しする要因であるとする[19]。

企業が外部性を内部化することは，単純に考えれば企業の負担を増加させる。所有権の移動であるから，そこに取引費用が生じるからである。経済的価値の向上を可能にするには，廃棄物を単に処理するのではなく，取引費用以上に資源として有効活用することが望まれる。Demsetz（1967）は外部性の内部化は，古い所有権では適合することのできない新しい技術の発展や新しい市場の開始をもたらすとも述べた。その証左として，先述したように近年の環境ビジネスの台頭は注目に値する。廃棄物の増加による環境意識の高

---

18 Demsetz（1967）
19 Meyer & Kirby 訳（2011）pp.16-17

揚と環境規制の導入等がインセンティブとなり，世界の環境ビジネス市場は拡大している。環境ビジネス市場には外部性に付加価値をもたらす新しい技術があり，それを必要とする市場を創造しているのである。

2.6 資源生産性の向上と戦略

先述したが，すでに 1990 年代の時点で，環境ビジネスの必要性に着眼していた Porter & Van der Linde（1995）は，資源生産性の向上が企業の競争優位に寄与すると述べる。本書で述べる「再生の経営」を機能させるためには，市場交換可能な経済性が必要であるが，資源生産性の向上はその根拠となる概念でもある。

Porter & Van der Linde の主張内容は以下である。資源生産性とは，製品の費用を下げたり，その価値を高めたりするイノベーションを後押しする概念である。そのようなイノベーションを通じて，原材料やエネルギー，労働力等，さまざまなインプット（投入物）をより生産的に活用し，その結果，環境負荷を減少させるために要する費用が相殺される。したがって，企業がビジネス活動において資源生産性を向上させることができれば，最終的に企業競争力は下がるのではなく，高まるとする。

また Porter & Van der Linde は，資源生産性の概念は，システムコストの総額と製品価値の両方に関心を向けるきっかけを与えるとする。企業が環境改善に取り組むことは，見逃してきたシステムコストに着眼することである。すなわち，資源生産性の視点から環境改善を考えると，価値の向上と効率化を可能にし，環境改善と競争力は両立することになる。同時に，浪費された資源や無駄になった努力，失われた製品価値等の機会費用にも着目することが必要である[20]。

このように Porter & Van der Linde は，企業が外部性の内部化を戦略的に行うことで，自らの経済的目的の追求をも実現することが可能になることを

---

20 Porter & Van der Linde（1995）は，システムコストには，企業の原材料の不完全な利用やお粗末な工程管理といった資源の非効率から生じる不要な浪費や不良品，貯蔵物と，製品のライフサイクル上で生じる包装，使用（環境汚染やエネルギーの浪費を引き起こす製品の使用時），廃棄（まだ使える製品，廃棄コスト，何らかの資源が失われる）の費用があるとする。p.134

30

主張している。企業にとって環境改善とは，厄介な費用や避けられない脅威ではなく，経済上・競争上のチャンスであり，だからこそ，規制遵守にのみこだわるのではなく，どのような無駄を出しているのか，どうすれば顧客価値を高められるかを考えることが肝要と述べる。そのためには，企業は以下の3つをなすべきと提起している。それは，

①自分たちが環境に及ぼす直接的・間接的影響を測定する

②十分活用されていない資源の機会費用を把握し活用する

③イノベーションによって生産性を高める方策を施行する

ことである[21]。

使用済自動車の再資源化は，自ら（メーカー）が生じた外部性を内部化することよりも，他者（メーカー）が生じた外部性を内部化することを支援する企業（静脈企業）の戦略に着眼している。その場合には，他社が環境に及ぼす影響を認識し，測定した上で，自社資源を効率的に活用した支援を行うことになる[22]。よって我々は，Porter & Van der Linde が提起した3点に，

④他者との交渉

の付加も提案する[23]。なぜならば，先述したように外部性の内部化には企業間の連携が必要となるからである。山倉（1995）は，組織間関係を経営戦略上の問題として考察する中で，「グローバル化，情報化，環境問題そして災害への対処は，個別組織ではむずかしく，複数の組織間の協同によって初めて可能となる」と述べている[24]。また自動車の動脈領域を研究する延岡（1996）は，顧客範囲の経済がアッセンブラ企業のみではくサプライヤ側にも効果のあることを指摘している[25]。これは顧客範囲の広範化と企業間関係の協調が成果を向上させるためであると述べる。企業にとって連携は，他社との取引費用の負担を伴うが，環境ビジネスが遂行され成長期に至った将来には，当該費用を回収できる経済的価値を生むことも期待できる。

外部性の所有権は，排出した企業が永遠に所有するものではない。企業は

---

21 Porter & Van der Linde （1995） p.146

22 粟屋（2010）

23 粟屋（2012b）

24 山倉（1995）p.166

25 延岡（1996）

外部性を取り込み，外部性に価値を付加し，財として市場に提供する。すなわち所有権を負から正に付加価値化させ，他者に移転することとなる。その所有権は分割されることもある。財を生むための連携はもちろん，所有権を移転する先の確保にも連携が必要である。企業間連携は，繰り返すが発生する取引費用以上の価値を生むことが前提となる。

　自動車は，すそ野の広い産業であるため，使用済となった車の再資源化も多面的かつ幾重もの段階が含まれており，多様な企業が関係する。よって資源生産性を向上させるには，企業間連携を取り入れ，取引費用を承知した上で所有権の有効な移転先を確保することになる。

＊本章は，粟屋仁美（2012）「企業間連携による事業形成・事業戦略の一考察—外部性の内部化と所有権理論の観点より—」『比治山大学短期大学部紀要』第47号, pp. 23-30 を基にし，大幅に加筆修正している。

【参考文献】

Coase, R. H. (1960) "The Problem of Social Cost," *Journal of Law and Economics.*

Coase, R. H. (1988) *The Firm, The Market, and The Law,* The University of Chicago Press.（宮沢健一・後藤　晃・藤垣芳文訳（1992）『企業・市場・法』東洋経済新報社）

Demsetz, H. (1967) "Toward a Theory of Property Rights," *American Economic Review,* Vol.57, No.2, pp.347-359.

Esty, D. C. & Winston, A. S. (2006) *Green to Gold: How Smart Companies Use Environmental Strategy to Innovate, Create Value, and Build Competitive Advantage,* Yale University Press.

Hart, S. (1997) "Beyond Greeting: Strategies for a Sustainable World," *Harvard Business Review,* Vol.75, No.1, reprinted in Crane, A., Matten, D. & Spence, L. J. (eds) (2008).

Meyer, C. & Kirby, J. (2010) "Leadership in the Age of Transparency," *Harvard Business Review,* Vol.88, No.4, pp.305-360.（編集部訳（2011）「『外部性』を内部化する時代」『DIAMOND ハーバード・ビジネス・レビュー』第36巻第4号, pp.10-25）

Porter, M. E. & Van der Linde, C. (1995) "Green and Competitive: Ending the Statement," *Harvard Business Review,* Vol.73, No.5, pp.120-134.（編集部訳（2011）「［新

訳］環境，イノベーション，競争優位」『DIAMOND ハーバード・ビジネス・レビュー』第 36 巻第 6 号，pp.130-150）

粟屋仁美（2009）「CSR と株主の関係」『経営行動研究学会年報』第 18 号，経営行動研究学会，pp.101-105。

粟屋仁美（2010）「CSR 概念とビジネス創出―動態的 CSR，静態的 CSR の提起より―」『ビジネスクリエーター研究』第 2 号，ビジネスクリエーター研究学会，pp.25-39。

粟屋仁美（2012a）『CSR と市場―市場機能における CSR の意義―』立教大学出版会。

粟屋仁美（2012b）「社会的課題を解決する市場の創造―コストと戦略―」『経営哲学論集』（第 28 集）第 9 巻第 1 号，経営哲学学会，pp.98-102。

菊澤研宗編著（2006）『業界分析 組織の経済学―新制度派経済学の応用―』中央経済社。

延岡健太郎（1996）「顧客範囲の経済：自動車部品サプライヤの顧客ネットワーク戦略と企業成果」『国民経済雑誌』第 173 巻第 6 号，神戸大学経済経営学会，pp.83-100。

山倉建嗣（1995）「組織間関係と組織間関係論」『横浜経営研究』第 16 巻第 2 号，横浜国立大学，pp.166-178。

環境省（2011）『平成 22 年版環境白書　循環型社会白書 / 生物多様性白書』

環境省ホームページ「環境産業の市場規模・雇用規模等の推計結果の概要について（2015年版）」
http://www.env.go.jp/policy/keizai_portal/B_industry/ 1-3_suikei.pdf　（2017 年 9 月 11 日確認）

環境産業市場規模検討会「平成 28 年度環境産業の市場規模推計等委託業務環境産業の市場規模・雇用規模等に関する報告書」
http://www.env.go.jp/policy/keizai_portal/B_industry/b_houkoku3.pdf　（2017年 9 月 14 日確認）

| 第3章 | 自動車産業の市場の失敗と使用済自動車の再資源化の現状 |

我が国の使用済自動車の処理や活用は，2005年に施行された自動車リサイクル法が基軸になっていることより，本章では同法制定の背景や目的，またそれによる使用済自動車のフローを確認する。自動車の所有者は，リサイクル料金を購入時に負担し，使用後は自治体に登録された引取業者に使用済自動車を引き渡す。関連事業者は，使用済自動車を基準に従って解体し，フロン類，エアバッグ類，ASR等を適正に回収・引き渡す。自動車メーカー・輸入業者は，フロン類，エアバッグ類，ASRを引き取り，リサイクル等を行う。2012年よりリチウムイオン電池とニッケル水素電池も解体時の事前回収物品として指定された。同法は5年ごとに見直しをすることになっており，主務官庁は施行後5年後，10年後に見直しを行い，成果ありと評価している。それらを踏まえ現在の検討課題を挙げ，自動車リサイクル法が本来の目的を達成しつつ，より高次の再資源化を意図していることについて述べる。

3.1　市場の失敗と自動車リサイクル法制定の経緯

　我が国の自動車産業は広範な関連産業を抱え込み，経済や雇用に大きく影響を与えている。具体的な数値を挙げれば，自動車の関連就業人口は国内就業人口中8.3％，製造品出荷額は全製造業中の17.5％，商品別輸出額は全輸出額中21.6％，研究開発費は全製造業中24.9％，設備投資額は全製造業中22.3％である[1]。同産業から排出される使用済自動車の規模は非常に大きい。そこで本章では，我が国において特に影響力のある自動車の，再資源化の現状や制度を確認する。

　先述したように自動車リサイクル法は，2001年に循環型社会形成推進基本法により規定された拡大生産者責任の原則を基にし，2002年に制定，2005年に施行された。環境省と経済産業省の二省が主務官庁である。

　リサイクル市場を産業という大枠内で捉えるならば，植田（1992）の経済活動を人体の循環系に喩えた動脈系統（生産や使用の段階），静脈系統（廃棄物の適正処理やリサイクルの段階）の考え方が援用できる[2]。自動車産

1　日本自動車工業会ホームページ　http://www.jama.or.jp/industry/industry/index.html　（2017年9月17日確認）

業では，自動車を製造・販売・使用する領域を動脈市場，使用済の自動車の適正処理やリサイクルの段階を静脈市場と表すことになる。中古自動車市場は動脈領域である。中古部品が再生されるのは動脈もしくは静脈領域のどちらかであるが，市場は動脈領域である。よって動脈と静脈は同じ産業内に別々に存在しつつも，その接点の面は大きく，二者が重複する部分もあれば，相互に行き来することもある。総体では，第2章で述べた資源の再生を意図した環境ビジネスが，静脈領域である。

図表3-1は自動車の動脈・静脈過程の垂直連鎖を示したものである。現在では環境意識の高揚により，後に述べるように資源の循環が構築されつつあるが，自動車リサイクル法制定以前は主に垂直方向にのみ資源が流れていた。この垂直フローにより，そもそもの動脈でのモノづくり，静脈での再資源化が把握できる。

自動車リサイクル法は，自動車産業の静脈市場を規定する制度であるが，

図表3-1　自動車の動脈・静脈過程の垂直連鎖

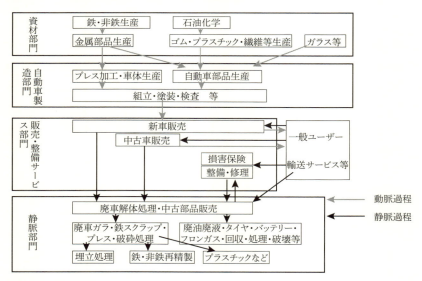

【出所】平岩・貫（2004）p.32を基に筆者作成

2　植田（1992）p.61

36

施行された 2005 年以前より，もっと言えば我が国に自動車が輸入された頃より，競争原理を活用した静脈市場は自然発生的に生じていた[3]。第二次世界大戦後は資源不足もあり，既存製品に存在する財を徹底的に再利用していたため，静脈産業は活発化する。自動車の静脈には，使用済自動車の引き渡し，解体，有用部品などの回収，破砕処理，鉄・非鉄金属の再生利用等の市場がある（図表 3-2）。

自動車リサイクル法は，市場交換が不可能な以下の 3 点の処理を主目的に 2002 年に制定，2005 年に施行された。3 点とは，
① 不法投棄・不適正保管車両問題の解決
② ASR（自動車シュレッダーダスト Automobile Shredder Residue）[4] の削減
③ フロン，エアバッグ等対処に苦慮するものの適正な処理
である。これらは，使用済自動車に含まれる財を積極的に有効活用する静脈領域の市場からもはみ出した負の外部性であり，その処理は社会的費用で賄われてきた。自動車産業の市場の失敗である。

自動車リサイクル法制定の背景には，廃車となる使用済み自動車の発生台数が年間約 500 万台と大規模化したという事情がある。加えて鉄スクラップ価格の下落等により逆有償（処理費用の請求現象）が生じ，ASR 量が年間 45 万トンから 75 万トンに増加し，処分場の残存量が問題になり始めた

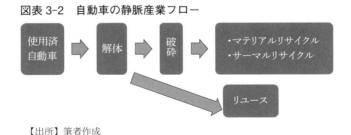

図表 3-2　自動車の静脈産業フロー

【出所】筆者作成

---

[3] 外川（2001），また阿部（2017）に，その発展と形成が詳細に叙述されている。
[4] 環境省ホームページ 「自動車リサイクル法の概要 法律制定の背景」 http://www.env.go.jp/recycle/car/outline1.html （2017 年 8 月 5 日確認）
ASR とは，「使用済自動車を解体して有用な部品，材料等を分離した後に残った解体自動車を破砕し，比重の大きい鉄スクラップと非鉄金属スクラップを選別回収した後の，プラスチック，ガラス，ゴムなど比重の小さい物からなる廃棄物」のこと。

ことにある。そうした要因のひとつには ASR 処分場のコスト高騰も影響を
与える。以前は遮水設備のない安定型処分場による処分であったが，土壌汚
染を防ぐため遮水設備のある管理型処分場となったため処理コストが上昇し
た[5]。

　複合的な要因が絡み合って，使用済み自動車の処理に逆有償現象が起き，
処理に費用が掛かり，困窮した事業者が不法投棄・不適正保管を行うことも
あった。

　自動車技術の進歩も自動車リサイクル法制定に影響を与えた。快適性を求
めて設置された空調機から生じるフロンや，安全性に配慮したエアバッグの
適正な処理は容易ではない。したがって，ASR の削減，フロン，エアバッ
グ等の適正な処理を意図し，同法の制定に至ることになる。換言すれば，自
動車による市場の失敗を補完するために，自動車リサイクル法が必要となっ
たわけである。

3.2　自動車再資源化のプレイヤー

　自動車リサイクル法を制定するに際し，システム全体に要する費用の最小
化を確保することが留意点とされた。そこで自動車メーカー・輸入業者を中
心に役割分担がなされるとともに，既存の静脈産業の競争原理を活用するこ
とが前提とされた。その結果，同法は使用済自動車のリサイクルに際し，自
動車の所有者（購入者）にも負担を求め，関連事業者，自動車メーカー・輸
入業者の役割を定めている。各々の役割は以下である[6]。

　自動車の所有者は，リサイクル料金を購入時に負担し，使用後は自治体に
登録された引取業者に使用済自動車を引き渡す。関連事業者は，使用済自動
車を基準に従って解体し，フロン類，エアバッグ類，ASR 等を適正に回収
し引き渡す。自動車メーカー・輸入業者は，フロン類，エアバッグ類，ASR
を引き取り，リサイクル等を行う。なお，2012 年 2 月に自動車リサイクル

5　吉田（2004）
6　経済産業省ホームページ　「自動車リサイクル法」　http://www.meti.go.jp/policy/mono_info_ser-
　vice/mono/automobile/automobile_recycle/index.html　（2017 年 8 月 5 日確認）

法が改正され，リチウムイオン電池とニッケル水素電池も解体時の事前回収物品として指定されることとなった。

　自動車リサイクル法の特徴としては，家電リサイクル法とは異なり，自動車メーカーが自動車総てのリサイクルの責務を負わない点，既存の自動車再資源化市場を生かす点の2点が挙げられる。使用済自動車の管理は制度化されることで徹底され，所有と責任の領域は明確化された。同制度は環境問題対策を目的としたものであったが，同時に関連事業者には新たな利潤創出の機会にもなっている[7]。

3.3　使用済自動車と自動車リサイクル料金のフロー

　ここで自動車の一般的な静脈工程を確認する。自動車の最終ユーザーは使用済自動車をディーラー等に引き渡す。ディーラー等は使用済自動車を自治体の許認可を受けた解体事業者に引き渡す，もしくは販売する。また一部は車両のまま輸出される。これには正規のルートと非正規のルートがある。解体事業者で解体された場合，フロン類・エアバッグ類は自動車メーカーが指定する専門の処理業者へ引き渡される。使用可能な部品は中古部品（リユース）として市場で販売される。また鉄・非鉄金属等は破砕事業者等に販売される。それ以外のガラは専門の処理業者へ引き渡される。専門の処理業者により破砕されたガラは，再資源（リサイクル）可能な部品や素材以外は破砕される。これがASRであるが，ASRは自動車メーカーが指定する専門の処理業者へ引き渡され一部は熱源として活用，最終的な残渣は埋め立てられる。このフローの各工程で事業者が異なる場合もあるし，垂直統合でいくつ

図表3-3　静脈領域の事業社フローとおおよその企業数

【出所】著者作成[8]

7　法制度と再資源化の関係は，第7章で述べる
8　解体事業者は企業数は5,000社であるが，実際に稼働しているのは3,000社程度と言われている。

図表 3-4 自動車リサイクルの全体フロー図

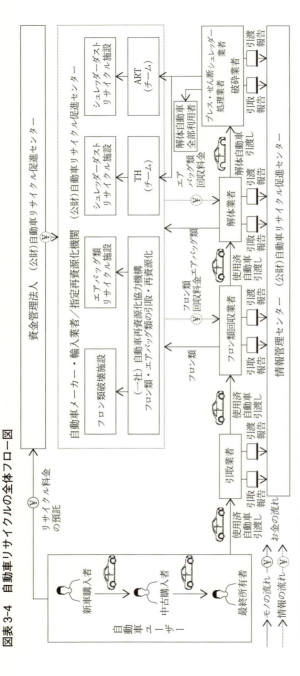

【出所】公益財団法人自動車リサイクル促進センター
http://www.jarc.or.jp/automobile/index/

かの工程を一事業者で担う場合もある。静脈領域は，動脈のようにメーカーをトップとした産業構造にはなっていないため，事業者の自主性・自律性が発揮できる領域でもある。

　自動車リサイクル法により，自動車の所有者が購入時に先払いで負担することが義務付けられたリサイクル料金は，資金管理の機能を有する自動車リサイクル促進センター[9] が管理している。自動車メーカーが，フロン類，エアバッグ類，ASR の引き取りとリサイクル遂行を自動車リサイクル促進センターに報告すると，同法人よりリサイクル料金が自動車メーカーに支払われる。自動車メーカーは，フロン類，エアバッグ類，ASR の引き取りとリサイクルを委託した企業に費用を支払う。

3.4　自動車リサイクル法の成果と課題

　使用済自動車の引き取り台数は，2013 年以降減少傾向にあり，ここ数年300 万台前後である。自動車の使用年数は，延伸の傾向にあり，2016 年度は 15.2 年となった[10]。自動車リサイクル法を制定した目的は前述したように3 点あるが，その結果を確認しながら同法の成果を述べる。

　まずは，不法投棄・不適正保管車両問題であるが，問題解決の方向にある。不法放棄車両が発見されれば，車体番号により持ち主を割り出し，法的に撤去を命じることができるようになった。よって，自動車リサイクル法が実施される前年の 2004 年 9 月末時点での不法投棄・不適正保管車両は218,359 台であったが，2017 年 3 月末には 4,833 台と 97.8 ％減少している[11]。自動車の管理を徹底し所有権を明確化したことで，使用済自動車の収集が容易になった。

9　公益財団法人自動車リサイクル促進センター，所在地は東京都港区芝大門 1-1-30 日本自動車会館 11 階，2000 年 11 月 22 日設立，2010 年 4 月 1 日に公益財団法人へ移行登記されている。

10　本節において 2017 年 9 月時点で最新の数値は経済産業省ホームページ「産業構造審議会 産業技術環境分科会 廃棄物・リサイクル小委員会 自動車リサイクルワーキンググループ，中央環境審議会 循環型社会部会 自動車リサイクル専門委員会 第 45 回合同会議―配布資料　平成 29 年 9 月 19 日（資料 5　自動車リサイクル法の施行状況）」p.3 を参考にした。　http://www.meti.go.jp/committee/sankoushin/sangyougijutsu/haiki_recycle/car_wg/pdf/045_05_00.pdf（2017 年 9 月 19 日確認）

11　同上 p.18

次いで ASR 埋め立量も減少の方向にある。その根拠は，自動車メーカーの ASR，フロン，エアバッグ等の再資源化が実質的に向上していることにある[12]。具体的には ASR 最終処分量が 2005 年 155,815 トンであったものが，2016 年は 10,660 トンと激減している。自動車 1 台当たりの処分量で換算すれば，2005 年には 64kg であったものが 4kg になっている。すなわち減少した重量分の再資源化が行われており，ASR のリサイクル率は 2016 年度で 97.3 ％から 98.7 ％，エアバッグ類は 93 ％から 94 ％である[13]。

以上が自動車リサイクル法の目的に呼応した結果であるが，同法は 5 年ごとに見直しをすることが規定されており，まず第 1 回目の見直しが 2010 年に行われた。経済産業省は同制度を以下のように評価している。

成果としては，
①使用済自動車のトレーサビリティーの確保
②自動車製造業者等による再資源化等の進展
③関連事業者の役割の明確化
④預託されたリサイクル料金の適正な運用
の 4 点を挙げている。

同時に今後（2010 年時点）の課題として，
①中古車と使用済自動車の取扱いの明確化
②使用済自動車の循環的な利用の高度化
③自動車リサイクル制度の安定的な運用
④中長期的な変化に対する自動車リサイクル制度の対応
の 4 点を挙げている[14]。

2 回目の見直しは，2014 年から始まり，2015 年に公表された[15]。第 1 回

12　同上 p.7
13　同上 p.5　数値の差は自動車メーカーによりリサイクル率が異なるからである。
14　環境省・経済産業省のホームページには，第 1 回目の見直し報告の「自動車リサイクル制度の施行状況の評価・検討に関する報告書　平成 23 年 2 月」が削除されているようである。当時の資料については粟屋（2016）参照のこと。
15　経済産業省ホームページ「産業構造審議会産業技術環境分科会廃棄物・リサイクル小委員会自動車リサイクルワーキンググループ 中央環境審議会循環型社会部会自動車リサイクル専門委員会 合同会議「自動車リサイクル制度の施行状況の評価・検討に関する報告書」平成 27 年 9 月」http://www.meti.go.jp/committee/sankoushin/sangyougijutsu/haiki_recycle/car_wg/pdf/report_01_01.pdf（2017 年 8 月 5 日確認）

42

目の見直しで提示された先の4点の対応についてまとめた後，現状の自動車リサイクル制度を「あるべき姿」に照らし合わせてみると，自動車リサイクル制度の進化が期待されると述べられている。

項目としては

①自動車における3Rの推進・質の向上

②より安定的かつ効率的な自動車リサイクル制度への発展

③自動車リサイクルの変化への対応と国際展開

の3点である[16]。

具体的には，①では，ASR，フロン，エアバッグ等の3品目だけではなく，「自動車全体で3Rを推進し，また質を向上していく観点で評価・取組を進めて行くことが重要であることから，自動車製造業者等における環境配慮設計や再生資源利用，解体業者による部品リユースの取組，関係事業者の連携による自動車リサイクルの最適化といった取組を積極的に推進する。」とのことである。

②の「安定的かつ効率的な自動車リサイクル制度」とは，「環境改善を達成しつつ景気変動に影響されにくい健全かつ効率的な制度」であり，「3品目の再資源化等及び指定法人業務に要する費用の低減，リサイクル料金等の収支の透明化等を通じた社会的コストの一層の低減を推進する」とのことである。

③については，本書でも第10章で触れるように，「次世代自動車の増加や，新素材等の採用など，自動車自体の変化やこれに伴う再資源化の環境の変化に注視し，自動車リサイクル制度が安定的に機能するよう技術開発やセーフティネットの構築を進めるなど，状況の変化に迅速に対応できるよう取組を進める」とのことである。加えて，「発展途上国等の自動車リサイクルに関する環境負荷削減等の社会的課題の解決や国際的な資源循環の促進に向けて，我が国の自動車リサイクル関連事業者等の経験・技術を活かした国際貢献を進める。」と，政府がとりまとめた「インフラシステム輸出戦略」（2013年5月）に即して海外での3R活動を展開することを述べている。

---

16 同上 pp.26－27

また5年ごとの見直しではないが，2017年9月に行われた「産業構造審議会産業技術環境分科会廃棄物・リサイクル小委員会 自動車リサイクルワーキンググループ，中央環境審議会循環型社会部会自動車リサイクル専門委員会 第45回合同会議」では，「再生資源利用等の進んだ自動車へのインセンティブ（リサイクル料金割引）制度」が検討された[17]。具体的には，新車に再生プラスチック及び使用済自動車由来再生プラスチックが利用されている状況を踏まえ，当面は再生プラスチックを利用する環境を整え，徐々に使用済自動車に由来する再生プラスチック利用を増加させていくとし，それら自動車の購入者にリサイクル料金の割引を行うものである。当該検討により，自動車リサイクル法は，本来の目的以上に，自動車の再資源化を推進することを意図していることが窺える。

【参考文献】

阿部　新（2017）報告書『自動車静脈産業の形成と発展―日本の経験とアジアの未来―』。

粟屋仁美（2016）「経済的費用からみる自動車リサイクル市場」『経営会計研究』第20巻第2号，日本経営会計学会，pp.153-162

植田和弘（1992）『廃棄物とリサイクルの経済学』有斐閣選書。

外川健一（2001）『自動車とリサイクル―自動車産業の静脈部に関する経済地理学的研究―』日刊自動車新聞社。

平岩幸弘・貫　真英（2004）「第1章　静脈産業と自動車解体業」竹内啓介監修，寺西俊一・外川健一編著『自動車リサイクル静脈産業の現状と未来』東洋経済新報社。

吉田文和（2004）『循環型社会―持続可能な未来への経済学―』中公新書。

環境省ホームページ　「自動車リサイクル法の概要 法律制定の背景」
　http://www.env.go.jp/recycle/car/outline1.html　（2017年8月5日確認）

経済産業省ホームページ
　「自動車リサイクル法」
　http://www.meti.go.jp/policy/mono_info_service/mono/automobile/automobile_recycle/index.html　（2017年8月5日確認）

17　経済産業省ホームページ「産業構造審議会 産業技術環境分科会 廃棄物・リサイクル小委員会 自動車リサイクルワーキンググループ，中央環境審議会 循環型社会部会 自動車リサイクル専門委員会 第45回合同会議―配布資料」2017年9月19日開催　http://www.meti.go.jp/committee/sankoushin/sangyougijutsu/haiki_recycle/car_wg/pdf/045_04_01.pdf　（2017年9月28日確認）

第 3 章　自動車産業の市場の失敗と使用済自動車の再資源化の現状

「産業構造審議会産業技術環境分科会廃棄物・リサイクル小委員会 自動車リサイクルワーキンググループ 中央環境審議会循環型社会部会自動車リサイクル専門委員会 合同会議「自動車リサイクル制度の施行状況の評価・検討に関する報告書」平成 27 年 9 月」

http://www.meti.go.jp/committee/sankoushin/sangyougijutsu/haiki_recycle/car_wg/pdf/report_01_01.pdf（2017 年 8 月 5 日確認）

「産業構造審議会 産業技術環境分科会 廃棄物・リサイクル小委員会 自動車リサイクルワーキンググループ，中央環境審議会 循環型社会部会 自動車リサイクル専門委員会第 45 回合同会議―配布資料　平成 29 年 9 月 19 日（資料 5　自動車リサイクル法の施行状況）」

http://www.meti.go.jp/committee/sankoushin/sangyougijutsu/haiki_recycle/car_wg/pdf/045_05_00.pdf　（2017 年 9 月 19 日確認）

http://www.meti.go.jp/committee/sankoushin/sangyougijutsu/haiki_recycle/car_wg/pdf/045_04_01.pdf　（2017 年 9 月 28 日確認）

日本自動車工業会ホームページ

http://www.jama.or.jp/industry/industry/index.html　（2017 年 9 月 17 日確認）

公益財団法人自動車リサイクル促進センターホームページ

https://www.jarc.or.jp/（2018 年 2 月 10 日確認）

第4章 経済学的費用と資源の最適配分

第2章や第3章と重複する箇所もあるが，本章は自動車再資源化市場の資源の最適配分について経済学的費用を援用して検討する。自動車の再資源化市場とは企業が使用済自動車という外部性を内部化して財とすることである。使用済自動車を放置すれば社会的費用で処理されるであろうものを，企業が費用を投じてビジネス化する。使用済自動車より生じる社会的費用には，放置された場合にはその運搬・処理費，解体・破砕時の騒音や大気汚染，その防御に要する費用や周辺住民の精神的負担，税金負担，また再資源化できるものを埋め立てることによる機会損失も含まれる。

資源の最適配分を鳥瞰して捉えれば，動脈で製造される自動車と，同等の財が静脈で再生産されることが望ましい。そのためには，多面的に課題を解決しつつ社会的費用を私的費用化することが求められる。

4.1 本章の目的

周知のように自動車は裾野の広い産業であり，我が国の就業者数の1割弱が自動車産業に従事している[1]。我が国の自動車保有台数（乗用車）は約6,100万台，新車販売数は年間約500万台であり，使用済自動車はリユースも含め随分再資源化されてはいる[2]。

過去にはそれらが不適切に処理され廃棄される場合もあり，外部性の規模は甚大であった。そうした被害を防ぐために，自動車リサイクル法は使用済自動車の処理について自動車メーカー・輸入業者だけではなく，消費者や関連解体事業者等を巻き込んだ制度となっている。自動車リサイクル法を基軸とした同システムにはいくつか課題もあるが，第3章で述べたように，現時点では適正に機能し成果を上げていると，主務官庁である経済産業省と環境省は見なしている。少なくとも現在は同法に則って使用済自動車の外部性の内部化が進んでいることは間違いない。

本章では当該評価を踏まえた上で，自動車再資源化ビジネス市場を経済学

1　一般社団法人日本自動車工業会ホームページ　http://www.jama.or.jp/industry/industry/industry_1g1.html（2017年9月11日確認）
2　一般財団法人自動車検査登録情報協会ホームページ　https://www.airia.or.jp/publish/statistics/number.html（2017年9月11日確認）

的費用の観点より考察し，法制度による社会的費用の私的費用化について，その実態を明らかにすることを試みる。資源最適配分の効果や課題を導出することを目的とする。

　そもそも，これまで経営学が前提としてきたのは主として動脈市場であり[3]，静脈市場の考察や経営行動の分析は，市場同様に発展途上である。静脈市場のビジネスは外部性の内部化，社会的費用の私的費用化であり，環境対策に寄与することは言うまでもないが，同時に第2章で述べたようにビジネスチャンスの宝庫でもある[4]。社会的課題を企業がビジネスとして解決できるならば，それは社会的費用の削減を可能にし，企業の利潤の実現につながることとなり，社会のかつ企業単体の資源の最適配分を可能にする。本章は，経済性と社会性の両立の可能性を探る章でもある。

4.2　社会的費用

　経済学的費用は年度毎の収支で計算される会計学費用とは異なり，機会費用で捉えられる。経済学的費用は，数値で表される貨幣価値だけでなく，活動や時間も織り込まれた概念である。亀川（1986）はこれを，価格メカニズムによる市場の資源配分機能を説明する道具と解釈している[5]。

　経済学的費用のひとつに社会的費用がある。Pigue（1920，訳1966）は個々の企業にとっての費用を私的費用と呼ぶのに対し，すべての人にとっての総費用を社会的費用と呼んだ。Coase（1988，訳1992）は社会的費用を，生産要素の代替的使用によって生み出される最大価値を示すとし，私的費用を，生産要素の最善の代替的投入によって獲得される収益と定義している[6]。Stigler（1987，訳1991）は，Coaseの定理を，完全競争の下では私的費用と社会的費用が等しいとする。これは取引費用が0と仮定されている世界

3　貫（2005）p.106
4　第2章で述べている。
5　亀川（1986）は，経済学的費用論を経営管理に適用する際の問題として特定の暦時間を定められないことを指摘する。よって，流動資産概念が不明瞭になり，暗黙的費用部分を見積もる必要があると述べる。
6　Coase 訳（1992）p.180

である[7]。

　外川（2017）は社会的費用について，スタンダードな経済学では，内部費用と外部費用の総和であり，公害問題の分析に際して，外部費用を汚染発生源者に内部化させることに用いられることが多いとする[8]。しかし，第3章で述べた自動車リサイクル法の第2回報告書で使用される社会的費用（原文では社会的コスト）は，「自動車メーカー等が設定している三品目の再資源化費用および自動車リサイクル促進センターによる資金管理料金と情報管理料金を指しているようだ」とし，あえてリサイクル料金の意味で社会的費用の文言が使われていることに疑問を呈している。

　社会的費用研究の第一人者であるKapp（1950）は，社会的費用を私的経済活動の結果とし，第三者または一般公衆が蒙るすべての直接間接の損失を含み，このような社会的費用は企業家の支出の中には算入されず，第三者または社会全体に転嫁されそれらによって負担されるものと定義している[9]。

　このように社会的費用は主体により若干認識が異なるため，共通認識の困難な概念でもある。以上を踏まえ我々は，社会的費用を，生産者である企業が市場交換した財に対し負担するべき費用を，市場の機能不全により他の第三者が負担している費用と定義し議論を進める。私的費用とは，市場交換対象の所有権を有する人や組織が負担する費用である。社会的費用の私的費用化とは，社会的費用であったものを取引主体や他者が費用化，もしくは新たな市場創造により市場交換で賄うことである。これが第2章で論じた「再生の経営」の2つ目の含意である。外部性との関係で説明するならば，社会的費用は外部性が生じた際の市場交換を補完する費用である。外部性とは，市場交換により市場外に生じる影響のことであり，主に負の外部性をさす。

　自動車の社会的費用については，宇沢（1974）が，試算主体によってその値が異なることを指摘している[10]。宇沢が議論した当時（1970年代）の自動車の社会的費用は安全対策や大気汚染等，走行時の排出負荷が対象であった。現在の自動車の社会的費用は，自動車製造時負荷や自動車解体時負荷も

7　Stigler 訳（1991）p.141
8　外川（2017）p.130
9　社会的費用についての研究は粟屋（2012）を参照のこと。
10　宇沢（1974）pp.85-99。宇沢については第7章で改めて詳述する。

対象となる[11]。加えて我が国の自動車（乗用車）の保有台数は，1970 年には約 727 万台，2017 年には 6,135 万台と 8 倍強に増加しており[12]，社会的費用の値がどの試算方法を採用したとしても増大していることは明確である。

　本書では使用後の自動車の環境負荷が議論の対象であるため，製造時，使用時ではなく，使用済自動車からどれだけの社会的費用が生じているかが焦点となる。理解を深めるために，改めて自動車産業の動脈・静脈のフローを確認してみよう。まず動脈市場とは，自動車を製造する領域である。具体的には，

　　メーカー　→　ディーラー　→　ユーザー　→（中古車）ディーラー　→　整備業

までを示す。静脈市場とは，使用済の自動車を処理，廃棄する領域である。具体的には，

　　使用済自動車収集　→　解体業　→　シュレッダー業　→　最終処分業
　　　　　　　　　　　　　　　　　　　　　　　　　　　　　　　リサイクル業

である。

　当該静脈市場は，そもそも動脈で生じた外部性から財を生み出すビジネスを行う場である。また静脈の，使用済自動車の引取，解体，フロン類・エアバッグ類の回収と処理，中古部品の販売[13]，鉄・非鉄金属の販売，破砕，ASR の燃料化・処理等の工程において，外部性も生じ，脈々と市場が連鎖している。こうした静脈ビジネスは，所謂環境ビジネスに含まれる。

　環境ビジネスについては第 2 章で述べたが，改めて経済学的費用で検討してみよう。静脈市場という枠組みの中で本章が議論する領域は，廃棄物[14] の有価物化を行う再資源化市場である。

　動脈・静脈の区分をした植田（1992）は，再資源化ビジネスの成立する

11　粟屋（2015）
12　一般財団法人自動車検査登録情報協会ホームページ　https://www.airia.or.jp/publish/statistics/number.html（2017 年 8 月 5 日確認）
13　中古部品の販売はリサイクルではなくリユースである。
14　使用済自動車は廃棄物ではないが，放置すると廃棄物となるため，ここではあえて廃棄物と示している。

必要条件として，

①廃棄物が大量に存在すること

②廃棄物に有用な属性が存在すること

③廃棄物を再資源化するための技術が存在すること

④再生品への需要が存在すること

の4点を挙げている。これらの4条件は，廃棄物と再生品の量と質のコントロールが可能であることが前提とされている[15]。すなわち再資源化をビジネスとして成立させるには，再資源化された製品は動脈市場の生産財としての需要に堪えうる質が担保されていること，規模の経済性が効いていることの両輪が必要になる。

そもそも再資源化ビジネスの生産要素となる廃棄物は外部性である。外部性を有価物化する方法として，佐和（2002）は，外部性の取引市場を作り出すか，外部性を有償にする措置を講じるという2点を示している[16]。どちらにしても企業が外部性を内部化する手はずを整えることになる。

このような外部性の内部化は，潜在している新たな市場やビジネスを企業が発見できるチャンスである。企業が社会環境の変化を読み取り外部性をビジネスの対象と捉えれば，新たな市場やビジネスを創出でき，先行者利益の獲得につながる[17]。環境対策としての再資源化は，事業遂行の方法如何でビジネスとして成立する，もっと言えば成功する可能性がある。

4.3　自動車の再資源化市場

4.3.1　市場の変化と社会的費用の削減

自動車リサイクル法による市場の変化を経済学的費用で考察したい。

自動車リサイクル法施行以前に外部性として存在したものは，同法が解決を目的とした不法投棄・不適正保管車両，ASR・フロン・エアバッグ等に加え，自動車解体時，破砕時の管理不足による土壌汚染等である。

15　植田（1992）p.50

16　佐和（2002）p.58

17　粟屋（2010），第2章でも述べている。

これらの移動や処理，廃棄に，社会的費用が発生していた。その負担者，つまり支払者は以下である。まずは，自治体，そして納税者である我々国民である。次に解体事業者・破砕事業者である。ASR を適正に処理をするための費用は，時に解体・破砕事業者等の持ち出しであったし，鉄スクラップ価格が暴落し，使用済自動車そのものの価値が無くなった場合も，同事業者が処理をしていた。また豊島問題に代表されるように，不法投棄された土地近郊に居住する住民も処理費用や精神的負担など，社会的費用を負担したと言える。

　自動車リサイクル法が施行されたことによる変化を，佐和（2002）の理論に沿って確認してみよう。外部性の内部化には佐和（2002）が述べるように 2 種類ある[18]。

　1 点目は外部性の有償化である。エアバッグ・フロン類・ASR 等の外部性に対し自動車の購買者がリサイクル費用としてのリサイクル料金を負担している。リサイクル料金を含む制度が整ったことにより，新車販売時から使用済自動車として廃棄されるまでのフローにおいて，自動車の所有者を把握することが可能となった。よって所有権が明確化され，管理が徹底し，使用済自動車の収集が容易になり，外部性であった不法投棄車両も減少したのである。

　また，役割分担が明らかになり，メーカーはリサイクル料金により，エアバッグ・フロン類・ASR の処理を義務付けられた。静脈産業には，自動車製造時のようなメーカーを筆頭とした系列，あるいはグループはない。しかし ASR は処理が困難とされており，ASR の引き取りと再資源化については，TH チームと ART チームの 2 チームで行うことが，自動車リサイクル法制定時に定められた。TH チームはトヨタ，ホンダ等を中心とし，ART チームは日産自動車，三菱自動車，マツダ等を中心としている[19]。ASR の処理は

18　佐和（2002）p.58
19　TH チーは，ダイハツ工業㈱，トヨタ自動車㈱，日野自動車㈱，本田技研工業㈱，アウディジャパン㈱，ビー・エム・ダブリュー㈱，プジョー・シトロエン・ジャポン㈱，フォルクスワーゲングループジャパン㈱である。ART チームは，いすゞ自動車㈱，ジャガー・ランドローバー・ジャパン㈱，スズキ㈱，日産自動車㈱，ボルボ・カー・ジャパン㈱，マツダ㈱，三菱自動車工業㈱，三菱ふそうトラック・バス㈱，メルセデス・ベンツ日本㈱，FCA ジャパン㈱，㈱ SUBARU，UD トラックス㈱，公益財団法人自動車リサイクル促進センターである。

TH や ART により再資源化施設と指定された事業者が行っている。以前は外部性であったものを内部化する責任を，使用済み自動車の各段階における所有者が担う仕組みができたのである。

2 点目の方法は，「再生の経済」に含意されている外部性の取引市場の創造である。使用済自動車には外部性の有償化の対象となるエアバッグ・フロン類・ASR 以外に，財となる部品や素材も多々ある。この財は放置すると外部性となる。静脈市場を担う解体事業者や破砕事業者，マテリアルリサイクル事業者はこれらを外部性ではなく財に転換し，取引市場を創造している。

自動車リサイクル制度により使用済自動車の引き取り業者は登録制，解体事業者，破砕事業者は各自治体の許認可制となった。許認可に耐えうる使用済自動車の適正な管理や適切な解体・破砕が事業者の生き残りの前提となった。解体・破砕事業者の企業努力により経営管理力や技術力は向上し，社会的認知度は向上した。これら事業者は，使用済み自動車の再資源化に意欲的に取り組み，中古部品や鉄・非鉄金属の再資源市場は活性化しつつある。その結果，ASR 量も減少している。そうした財を市場化するためのコンソーシアムが自主自発的にでき始めてもいる。

このように外部性の内部化がふたつの方法で促進し，社会的費用が削減された。これを企業の視点で言えば，積極的な私的費用化による市場化，市場活性化が進んだことを意味する。

4.3.2　自動車リサイクル法の評価

経済学的費用の観点より，自動車再資源化市場の変化を確認した。第 3 章で述べた経済産業省による同制度の第 1 回目，第 2 回目の評価を，経済学的費用の観点より確認してみたい。

まず第 1 回目の，①使用済自動車のトレーサビリティーの確保であるが，同制度により外部性の所有権の明確化が可能となった。これは今後，使用済自動車が放置・放棄された場合，社会的費用の発生者を指定することを意味し，評価に値する。

次に②自動車製造業者等による再資源化等の進展であるが，同制度により

エアバッグ・フロン類・ASR の所有者が自動車メーカー等に特定されたことで、所有者が責任をもって外部性を内部化している。エアバッグ・フロン類・ASR により生じていた社会的費用を抑制していることになり、評価に値する。

また③関連事業者の役割の明確化であるが、エアバッグ・フロン類・ASR以外の使用済自動車の外部性を、関連事業者が積極的に内部化することが、同制度による静脈フロー確立によりなされた。市場機能を活かしながらも、社会的費用を私的費用化する社会システムを構築したことになり、評価に値する。

最後に④預託されたリサイクル料金の適正な運用であるが、これは料金設定の妥当性の判断が困難である。リサイクル料金の設定は、自動車メーカー等が決定するものであるが、自動車メーカー等は自動車が使用済となる未来（おおよそ 10 年後）の処理リサイクル技術を予測しての料金設定となり、不確実性が高い[20]。法制度化されて 12 年経過し、ようやくその料金の有効活用が検討され始めた。しかしながら社会的費用が適正に私的費用化されているか否かは、ブラックボックスの側面もあり判断が困難である。

続いて第 2 回目の見直しであるが、これは将来への期待を述べたものである。期待が実現されたとすれば①自動車における 3R の推進・質の向上により、自動車全体で 3R が推進され、リデュースが促進される。そもそもの外部性量が削減されることとなる。

また②の、より安定的かつ効率的な自動車リサイクル制度への発展は、①と関与するが社会的費用の総量を抑えることを意図したものである。

③の自動車リサイクルの変化への対応と国際展開では、次世代自動車による資源変化への対応、すなわち外部性の変化による私的費用化の手法の変更が必要となる。また、国際展開は我が国内のみでなく、グローバルな視点で社会的費用の私的費用化を本格的に考慮し実行することが期待される。自動車リサイクル法が制定された時点では、制度も自動車メーカーも、海外に流れる自動車については顧慮の外であった。昨今では環境省も率先し、循環産

---

20 外川（2010）p.37

業（廃棄物処理・リサイクル関係産業）を我が国の優れたインフラ関連産業のひとつとして捉え，その育成・海外展開促進に積極的に取り組むことを明示している[21]。これらの遂行は，地球規模で存在する社会的費用を私的費用化する動きを意味する。

4.3.3　再資源化市場の課題

　自動車リサイクル法により外部性の内部化，社会的費用の私的費用化が促進されたことは明らかになった。しかしながら，課題はまだ残されている。

　まずは，社会的費用の私的費用化がなされていない領域の存在である。それは，残存する ASR や把握できない不法投棄車両でもあるし，第 2 回目の見直しで今後に期待されると述べられた海外に流出している自動車である。それらの対策が必要である。

　次に新たな市場の失敗のリスクの存在である。フロン・エアバッグ・ASRをリサイクルするリサイクル料金が適当か否かの判断は難しい。負担者（実質の有償）は消費者（ユーザー）であるが，リサイクル料金の価格設定は自動車メーカーである。自動車のライフサイクルは約 10 年であるが，リサイクル料金を支払うのは購入時である。よって自動車メーカーは 10 年後のリサイクル料金を推定し決定することになる。その価格設定が高くても低くても，どこかで社会的費用が生じることになる。

　3 点目は，静脈におけるメーカーのあり方である。製造時の主役である自動車メーカーは，拡大生産者責任の概念が社会的に存在するとはいえ，現実に機能しているとは言い難い。もちろん前述したように自発的に機能していた静脈市場の企業を生かすために，自動車メーカーと解体事業者，破砕事業の分業制度が不文律で成立している面もある。しかしながら，自動車リサイクル法で決められた三品目の処理は自動車メーカーに責任があり，自動車メーカーは静脈産業のコントロールが，ある程度は可能である。自動車メーカーの意向次第で静脈企業の存続や分担部分に影響が生じる。どこまで自動

21　環境省は 2016 年 12 月に公開シンポジウム「我が国が誇る循環産業の海外展開プラットフォーム」を開催している。同シンポジウムでは我が国の静脈産業の国際的な活動が報告された。http://www.env.go.jp/press/103396.html　（2017 年 8 月 24 日確認）

車メーカーが関与するのか，関与したとしてプレイヤーがいかに変化するか，今後の動向も注目される。

4.4　資源の最適配分

　産業全体から，資源の最適配分を考えてみよう。動脈で生産される自動車の価値を 100 とするならば，社会的費用の私的費用化により静脈で再生される財の価値が極力 100 に近づくことが望ましい。100 に不足であるものは，廃棄される外部性と再資源化の最中に棄損した価値と解釈できる（式①）。

<blockquote>
　　　動脈　　　　　　　　　　　静脈
生産された自動車の価値　＝　再生された財の価値＋棄損した価値＋廃棄分
　　　　　　　　　　　　　　　　　　　　　　　　　　　　……式①
</blockquote>

　右辺の静脈領域の価値を左辺の動脈の価値と等しくするには，使用済自動車の徹底的な再資源化が必要となる。それが，社会的費用の私的費用化の徹底である[22]。もちろん新車から使用済となるまでの時間経過があるため，静脈領域で完全に 100 と等しい価値の創造は非現実的でもある。

　自動車リサイクル法施行後，約 12 年が経過したが，資源の最適配分をなすために，基本に立ち返って自動車再資源化市場を検証してみたい。植田（1992）のリサイクルビジネスの必要条件に即して考えてみよう。

　まず必要条件の 1 点目である廃棄物が大量に存在することであるが，我が国のみで考えれば人口減や自動車販売量の減少により，これまでと同等の使用済自動車の確保は困難であると予測される。他方で日本から海外に新車や中古車などが輸出されており，グローバルな視点で捉えれば，必要条件を満たすことが可能となる。

　次に必要条件の 2 点目である廃棄物に有用な属性が存在することであるが，自動車のリサイクル率が 100％近いことより，これも必要条件を満た

---

[22]　第 9 章で効率的なマテリアルリサイクルについての企業努力を述べている。

している。今後，電気自動車化や自動運転技術が進めば，より希少な財が自動車に含有される。

続いて必要条件の3点目である廃棄物を再資源化するための技術が存在することであるが，マテリアルリサイクルを担う企業が，環境省の助成金などを活用し精力的に技術開発を行っている[23]。しかし環境配慮型自動車など変化の過渡期であり，何が外部性か，誰が内部化するかの動態的な把握が求められる。自動車メーカーから解体事業者・破砕事業者に対する使用素材などの情報開示も必要である。

最後に必要条件の4点目である再生品への需要の存在であるが，使用済自動車から生じる有価物は多種多様であるため，一概にその有無を論じることはできない。鉄やリサイクル樹脂は，需給が増減し市場価格が不確実性に溢れている。リユースとしての中古部品の市場は増大しつつあるが，消費者のリユース部品への意識が高まれば今以上の市場拡大も想定される。経済産業省と環境省も，再生資源の利用等を制度に盛り込むことを積極的に検討している[24]。

以上4点について述べたが，理論的には自動車が再資源化される条件は整っているし，現在も機能している。現在の動脈・静脈通しての市場交換による財の移動が，資源の最適配分をなしているか否かの判断は難しい。しかし，自動車の購買者が負担するリサイクル料金が，使用済自動車の外部性の処理や廃棄等，社会的費用で賄われていた箇所に再配分されていることは評価できよう。

より一層の社会的費用の私的費用化が促進するには，静脈市場の経済性の向上も考慮する必要がある。しかしながら経済活動は必ず何らかの外部性を生じる。静脈市場でさえも然りである。よって静脈市場の活性化が期待されると同時に，そうした活動が新たな外部性を生じるリスクも認識する必要が

---

23 例えば環境省は「平成26〜28年度低炭素型3R技術・システム実証事業」及び「平成29年度低炭素製品普及に向けた3R体制構築支援事業」において，リチウムイオン電池，CFRPを対象とした実証事業を実施している。2017年度以降は，自動車リサイクル高度化財団において新素材（リチウムイオン電池（LIB），CFRP）等に関する技術開発・実証事業を実施予定である。
http://www.meti.go.jp/committee/sankoushin/sangyougijutsu/haiki_recycle/car_wg/pdf/045_03_00.pdf
（2017年9月20日確認）
24 再生資源利用等の進んだ自動車へのインセンティブ（リサイクル料金割引）制度のことである。

ある。それらを考慮しながら，式①に示した資源有効活用の検証も求められる。

4.5　まとめ

　自動車再資源化市場は，一部の所有権が制度により明確化されたことで，社会的費用が私的費用化される方向に進んでいる。現在は社会的費用で賄われていた領域の市場化（私的費用化）を容認する社会共通の価値の醸成途中である。自動車リサイクル市場が今後，より成長するには，静脈企業が利潤を実現する仕組みが求められる。そのためには市場の需要に応じたリサイクル商品の創造や，その工程を容易にする動脈・静脈間の情報の非対称性の解消も必要であろう。

　本章では，自動車リサイクル制度によるリサイクル料金の有償化と市場機能化により，社会的費用の私的費用化が進展したことを明確化した。同時に，未だ社会的費用が残存する箇所も指摘した。またグローバルな展開の必要性，情報の非対称性の解消，新たな市場の失敗のリスクなど課題を指摘した。静脈ひいては産業全体の資源の最適配分の検討に寄与するものである。

＊本章は，粟屋仁美（2016）研究ノート「経済的費用からみる自動車リサイクル市場」『経営会計研究』第 20 巻第 2 号，日本経営会計学会，pp.153-162 を基にし，大幅に加筆修正している。

【参考文献】
Coase, R. H.（1988）*The Firm, The Market,and The Law*，University of Chicago Press.（宮沢健一・後藤　晃・藤垣芳文訳（1992）『企業・市場・法』東洋経済新報社）
Kapp, W. K.（1950）*The Social Costs of Private Enterprise*，Harvard University Press.（篠原泰三訳（1959）『私的企業と社会的費用』岩波書店）
Pigue, A. C.（1920）*The Economic of Welfare*，Mac-Millan.（千種義人・気賀健三他訳（1966）『厚生経済学』東洋経済新報社）
Stigler, G. J.（1987）*The Theory of Price*，4rd. ed., New York: Macmillan Co..（南部鶴彦・辰巳憲一訳（1991）『価格の理論』有斐閣）
粟屋仁美（2010）「CSR 概念とビジネス創出―動態的 CSR，静態的 CSR の提起よ

り―」『ビジネスクリエーター研究』第2号，ビジネスクリエーター学会，pp.25-39。
粟屋仁美（2012）『CSRと市場―市場機能におけるCSRの意義―』立教大学出版会。
粟屋仁美（2015）「自動車リサイクルビジネスと社会制度」『敬愛大学研究論集』第88号，pp.3-23。
植田和弘（1992）『廃棄物とリサイクルの経済学』有斐閣。
宇沢弘文（1974）『自動車の社会的費用』岩波書店。
亀川雅人（1986）「企業家利潤と企業評価―経済費用理論における資本コストの位置付け―」『交通論叢』第22号，東京交通短期大学研究会，pp.7-23。
佐和隆光（2002）「第2章 市場システムと環境」『環境の経済理論』岩波書店。
外川健一（2010）「変革期にある日本の自動車リサイクルシステム」『熊本学園大学経済論集』第16巻第1・2号，pp.27-45。
外川健一（2017）『資源政策と環境政策』原書房。
貫 隆夫（2005）「第2章 環境問題に批判経済学はどう取り組むか」丸山恵也編著『批判経営学―学生・市民と働く人のために―』新日本出版社，pp.85-112。

経済産業省ホームページ 「産業構造審議会 産業技術環境分科会 廃棄物・リサイクル小委員会 自動車リサイクルワーキンググループ，中央環境審議会循環型社会部会 自動車リサイクル専門委員会 第45回合同会議―配布資料 平成29年9月19日（資料3 自動車リサイクル制度の高度化に向けた取組状況について）」
　http://www.meti.go.jp/committee/sankoushin/sangyougijutsu/haiki_recycle/car_wg/pdf/045_03_00.pdf（2017年9月20日確認）
環境省公開シンポジウム「我が国が誇る循環産業の海外展開プラットフォーム」
　http://www.env.go.jp/press/103396.html（2017年8月24日確認）
一般財団法人 自動車検査登録情報協会ホームページ
　https://www.airia.or.jp/publish/statistics/number.html（2017年9月11日確認）
一般社団法人日本自動車工業会ホームページ
　http://www.jama.or.jp/industry/industry/industry_1g1.html（2017年9月11日確認）

り―」『ビジネスクリエーター研究』第2号，ビジネスクリエーター学会，pp.25-39。

粟屋仁美（2012）『CSRと市場―市場機能におけるCSRの意義―』立教大学出版会。

粟屋仁美（2015）「自動車リサイクルビジネスと社会制度」『敬愛大学研究論集』第88号，pp.3-23。

植田和弘（1992）『廃棄物とリサイクルの経済学』有斐閣。

宇沢弘文（1974）『自動車の社会的費用』岩波書店。

亀川雅人（1986）「企業家利潤と企業評価―経済費用理論における資本コストの位置付け―」『交通論叢』第22号，東京交通短期大学研究会，pp.7-23。

佐和隆光（2002）「第2章　市場システムと環境」『環境の経済理論』岩波書店。

外川健一（2010）「変革期にある日本の自動車リサイクルシステム」『熊本学園大学経済論集』第16巻第1・2号，pp.27-45。

外川健一（2017）『資源政策と環境政策』原書房。

貫　隆夫（2005）「第2章　環境問題に批判経済学はどう取り組むか」丸山惠也編著『批判経営学―学生・市民と働く人のために―』新日本出版社，pp.85-112。

経済産業省ホームページ　「産業構造審議会 産業技術環境分科会 廃棄物・リサイクル小委員会 自動車リサイクルワーキンググループ，中央環境審議会循環型社会部会 自動車リサイクル専門委員会 第45回合同会議―配布資料　平成29年9月19日（資料3　自動車リサイクル制度の高度化に向けた取組状況について）」http://www.meti.go.jp/committee/sankoushin/sangyougijutsu/haiki_recycle/car_wg/pdf/045_03_00.pdf（2017年9月20日確認）

環境省公開シンポジウム「我が国が誇る循環産業の海外展開プラットフォーム」http://www.env.go.jp/press/103396.html（2017年8月24日確認）

一般財団法人 自動車検査登録情報協会ホームページ
https://www.airia.or.jp/publish/statistics/number.html（2017年9月11日確認）

一般社団法人日本自動車工業会ホームページ
http://www.jama.or.jp/industry/industry/industry_1g1.html（2017年9月11日確認）

第5章 資源有効活用とCSR

何かビジネスを行えば，あるステークホルダーには利益をもたらすが，別のステークホルダーには不利益をもたらすこともある。よって企業はステークホルダーに対する利害調整を，CSR活動を通して行うこととなる。本章では資源有効活用に資する経営をCSRのひとつと捉え，我が国の自動車リサイクル（静脈）ビジネスを例にとり，外部性の有価物化の観点より検討する。企業の，購買→生産→販売→回収（＝購買）→解体・選別・再生→販売 といった一連のフローでいかに資源有効活用をし，負の外部性を供出しないかが，本CSRの目的となる。

その具現化のためには，再資源化を担う静脈産業の経済性の向上が鍵となる。CSRの一般論としてはそもそも企業の利潤の実現と永続性が第一義である。そのために，社会に対して責任を負うのである。しかし，静脈産業は動脈に依存した産業であり，かつ使用済自動車の発生抑制（リデュース）は自らの財の削減になる。静脈産業の経済性向上は静脈企業の存続を阻むことも考えられ，CSRの考え方に反するという矛盾を抱えている。

5.1 本章の目的

本章は使用済自動車の再資源化を，CSRの観点より考察することを目的とする。

CSR元年と呼ばれた2003年からしばらくの間は，経営学はもちろん学際的にも実務的にも，企業が社会の中でいかに責任ある経営行動をとるかが，CSRとして盛んに議論された。その後，企業が経営行動にCSRを含有する積極的な姿勢を見せるようになり，他方でリーマン・ショックや東日本大震災等の自然災害等，多様な環境変化が生じたこともあり，CSR議論はその役割を終えたかのように少しずつ収束した。

しかし2015年に入ると東芝の不正会計問題やフォルクスワーゲンの排ガス規制不正問題，2017年には神戸製鋼所の性能データ改ざん，日産自動車やスバルの新車の無資格検査など，コンプライアンスに反する経営行動が多々発覚している。

これらは述べるまでもなく，企業が社会に対する責任を果たしていないこ

61

とを意味する。CSRには，企業が社会に存在するための条件を整える面（我々はこれを静態的CSRと称呼）と，社会的課題をビジネス化し先行者として利潤を実現する面（我々はこれを動態的CSRと称呼）があるが，東芝やフォルクスワーゲンの問題は静態的CSRをなしていない経営行動といえよう[1]。

　CSRとはトレンドとして扱う概念ではない。CSRは企業の経済的目的である利潤追求とそのための社会的費用の私的費用化であり，企業が社会に存在し続けるための意思決定の指針としての役割を担う概念である。企業が社会に存在し続けるためには社会全体の持続可能性[2]が必要であり，それを実現するには，企業のCSRに基づいた行動が手段となる。未だに生じ続ける企業不祥事は持続可能性を阻害するものである。よって継続的にCSR議論を行い，その概念や企業の経営行動を問い続けることが学問的にも市場経済的にも必要であることが改めて認識される。

　本章は上記のようなCSRの考え方に基づき，社会における企業の在り方を一考する際に基本となる，持続可能性の追求について議論するものである。具体的には資源有効活用に資する経営をCSRのひとつと捉え，我が国の自動車再資源化ビジネスを例にとり，外部性の有価物化の観点より検討する。静脈の存在意義や動脈・静脈のふたつを併せ見ることの必要性を述べ，CSRの動態性について考える。その上で，社会全体と個の企業の永続性が二律背反することの矛盾について論じる。

5.2　CSRと再資源化ビジネス

　我々の周囲には，地球資源を素材として製造された多様な製品があり，これらは貴重な財である。すでに1980年代後半に南條（1988）が，地上に蓄積された工業製品は再生可能な資源であるとして，その蓄積された場所を都市鉱山と名付けている。都市鉱山由来の工業製品に含まれる希少金属の成分

1　動態的CSR，静態的CSRについては粟屋（2012）を参照のこと。また企業不正については八田編著（2017）に詳しい。
2　持続可能性の概念は，1987年に国連ブルントラント委員会において提起された「持続可能開発，Sustainable Development」より認識され始めた。第7章で詳述する。

比は，鉱石品位よりも高く，鉱石からの製錬に比べ再生に必要なエネルギーが少ないと言われている[3]。これらの都市鉱山の有効活用が社会の持続可能性には必須である。レアメタルや鉄，樹脂などを有効活用するには，既存製品の適正処理やリサイクルが必要である。

外川（2001）は，静脈産業を
①中古品小売業（リユース業）およびリース業
②修理業（リペアビジネス業）
③リサイクル業（再生資源流通および卸売業・再生資源化工業等）
④廃棄物処理業

に分類している。外川（2015）は，③リサイクル業には，排出された再生資源を収集する再生資源回収業（回収業）と，収集された再生資源を加工処理する再生原料・再生製品加工業（再生業）の二種類があるとする。

　製造業はこれまでバージン材料を活用して財を生産することを主としてきたし，経営学も動脈を中心にした議論を行ってきた。よって社会的にも静脈領域の認知度は低い[4]。我が国の主要産業である自動車も然りである。自動車の静脈産業を調査した阿部（2015）は静脈産業の発展経路は定かでなく，自然発生的に市場や産業が生じたと述べる。静脈産業は動脈と同時進行する形で，ひっそりと誕生し市場交換が行われてきたのである。

　しかし動脈と静脈の両者は，表裏一体である。動脈産業と静脈産業における資源の循環について検討した木村（2015）は，「静脈産業で発生する負の製品が，動脈・静脈からなる産業全体での最終的な廃棄物」であると述べる[5]。静脈の機能とは廃棄物の有価物化であり，付加価値の市場化である。静脈市場の機能が，地球全体の資源の有効活用に大きく影響を与えるにもかかわらず，前述したように静脈産業の社会的認知度は低い。

　他方で環境対策に関する制度設計は進んでおり，動脈中心とはいえ資源有効活用が社会の総意と解釈できる。資源有効活用を担う静脈市場の機能化

3　外川（2014）
4　外川（2010）は「日本産業分類」において静脈産業の分類が少なく，認知度が低いことを指摘している。
5　木村（2015）p.5

（所有権の明確化と外部性の有価物化），具体的にはそのための技術や事業システム等の開発が急務である。これらを後押しするものに第3章で述べた法制度がある。法治国家である以上，法制度を基軸としながらも，法制度のみがそれを担うのではなく，動脈で排出された外部性を静脈産業が有効活用し資源にし，あるいは適正に廃棄する。これが本章で述べるCSRである。企業はそれぞれ，動脈領域のみに，あるいは静脈領域のみに，もしくは動脈・静脈の両方に属している。本来であれば，自らが製造した製品の外部性を当事者の企業自らが内部化することが理想ではあるが，自動車は，動脈で生じた外部性を，静脈でビジネスとして成り立たせてきた。木村（2015）の主張を換言すれば，自動車の使用後のCSRは静脈産業が担っているといえよう。

　自動車の生産台数が増加すれば，世の中に存在する使用済自動車も増加するため，動脈のメーカーも静脈企業に使用済自動車の活用や処理を丸投げできない状況になった。そこで自動車の資源有効活用を意図して制定された自動車リサイクル法では，前述したように自動車メーカーに指定三品目の適正な処理を義務付けた。動脈の主である自動車メーカーは，使用済自動車の指定三品目を，静脈産業の専門事業者に依頼をし，処理や再資源化を進めている。

　指定三品目以外の再資源化の手法は静脈企業により異なり，解体事業者，破砕処理事業者，マテリアルリサイクル事業者等の各社が，自主自発的に連携をとりながら，使用済自動車の有価物化にビジネスとして取り組んでいる。

　静脈産業の経営環境は順風満帆ではないが[6]，そのような中で静脈企業は，使用済自動車を有価物化し市場化することで外部性を内部化している。当該ビジネスは競争原理を活用した自発的な市場交換でありながら，使用済自動車を有効利用するという社会的課題を解決する機能をも持っている。反復するが，これが自動車産業全体のCSRである。

　使用済自動車により生じていた外部性を是正する自動車リサイクル法が施

---

[6]　第8章では静脈市場の川上に位置する解体事業者について詳細に検討している。

行されてから 12 年と歴史は浅い。外川・木村（2008）は自動車リサイクル法施行後に同法を検討し，2008 年時点では自動車メーカーが「リサイクル設計」を進めるインセンティブは小さいことを指摘した。その後，宇津木他（2013）は，年式が新しくなれば部品の解体性が高まることを明確にした。自動車リサイクル法の見直しにおいても，易解体設計や再生された資源の活用などへの関心が高まりつつある。このように動脈を担う自動車メーカー側においても環境対策への関心度は高まっており，消費後の再資源化にようやく配慮し始めた。

　そうはいえ自動車メーカーの環境対策は，製造時の CO_2 削減や走行時のエネルギーの減少に重点が置かれている。EU やアメリカでは，ガソリン車やディーゼル車などの内燃機関車からモーターを動力源とする自動車への制度的シフトが明言されており，自動車メーカーもその対応に追われている[7]。自動車メーカーそのものの存続が問われる一方で，静脈が使用済自動車を有価物化するフローには，情報の非対称性やマテリアルリサイクルの技術開発等課題も多い。動脈が静脈にいかに関与するかについては一考に値する。

5.3　資源有効活用

5.3.1　外部性の効率的な有価物化と静脈の意義

　使用済自動車により生じていた外部性を有価物とすることは，換言すれば，資源の有効活用に資するビジネス創造である。こうした経営を行うか否かに企業の CSR に対する姿勢が，そして効率性の有無に企業の競争優位が表れる。

　ここで，有価物化した際の価値について確認したい。産業論・戦略論の観点で Porter（1985）は，企業の主活動と支援活動のそれぞれの活動は費用とマージン（利益）から構成されるとし，そのマージンの合計が企業の付加価

7　EU とアメリカで環境規制の基準が異なることも，自動車メーカーは苦慮している。EU は温室効果ガス CO_2 の排出量の削減に重点を置いており，アメリカは NOx の規制が厳しい。

値と述べる[8]。財務論の視点では，実際の成果から当初期待した成果を差し引いた利潤（残余利潤，剰余利潤）が価値である[9]。本書では有価物化するということは，動脈では，購買―生産―販売のビジネス活動で，費用を上回る利潤を実現することである。静脈ではそのプロセスが　購買―解体・選別・再生―販売　となる。

　CSRとは，資源有効活用に資するビジネスを慈善で行うのはなく，企業自らも持続可能となる価値を創出する概念である。

　資源有効活用を実現する理想としては，

購買 → 生産 → 販売 → 回収（＝購買）→ 解体・選別・再生 → 販売

と，動脈と静脈を結合させた生産活動ラインになることである。しかし現段階では，再資源化したものが自動車に再使用されるものは少なく，動脈・静脈ラインは別々に機能している。

　再生した資源が自動車には再利用されないことも承知の上で，静脈の事業者は，使用済自動車を積極的に有価物化している。動脈で製造・使用された製品の外部性の縮小と，新たな財・サービスの創出の2点で資源有効活用に尽力しており，ここに静脈企業の存在意義があると言えよう（図表5-1参照）。

　自動車リサイクル法は，使用済自動車の収集を容易にすることに貢献し，収集の容易さは静脈市場の再資源化フローシステムの構築を促した。また動脈セクターと静脈セクターの情報交換も開始され[10]，動脈と静脈の有機的な結合も模索され始めている。そもそも静脈市場は，自然発生的に誕生した市場であるが，このように静脈の効率性をより向上させる仕組みが整いつつある。

8　Porter（1985）　主活動は購買物流，製造，出荷物流，販売・マーケティング，サービス活動の5つに分類される。支援活動は全般管理，人的資源管理，技術開発，調達活動の4つに分類される。
9　亀川（2015）
10　外川（2015）

図表 5-1　財の移動から考える静脈産業の役割と意義

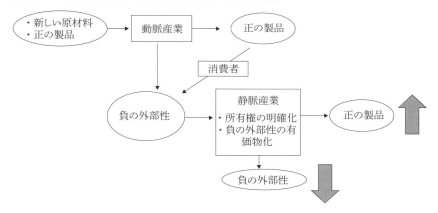

【出所】木村（2015）p.5 を基に筆者加筆作成（静脈産業の説明と矢印）

5.3.2　自動車静脈産業の課題

　自動車の静脈箇所は，自動車リサイクル法制定以前に比べ有効に機能し始めていることは述べてきたが，課題が3点ある。

　まず1点目は，環境対策を促進するための同制度が，他方では資源有効活用に限界をもたらしていることである。リサイクル率は向上しているが，有価物になりえるものが，すべて完全最適に有価物化されているわけではない。具体的には，解体時点でより微細に分類すれば他の有価物になりえるものが，まとめてスクラップにされサーマルエネルギー化される，もしくは処理の段階で廃棄されることもある。例えばASRのリサイクルは，マテリアルリサイクルだけでなくサーマルエネルギーも認められている。2015年時点ではASRのリサイクルの割合はサーマルリサイクル（28条認定）72.4％，マテリアルリサイクル（31条認定）24.3％である[11]。資源有効活用の観点では，マテリアルリサイクルを推進すれば，これまで以上の価値創造が可能であることが推測される。

　マテリアルリサイクル推進のためには，高度な技術向上に加え，リサイク

11　環境省（2015）p.8

ルの前工程である解体・破砕・ASR選別時において緻密で丁寧な解体，選別が必要である。しかし自動車リサイクル法はサーマルリサイクルもASRの適正処分に含むため，マテリアルリサイクルの技術革新が足踏みをし，サーマルリサイクル中心の再資源化に終始する。制度が障壁となり，資源有効活用に限界が生じるのである[12]。

　2点目の課題は，静脈産業の企業間の利潤の最適配分の遂行である。静脈産業は大別すれば解体事業者，破砕事業者，リサイクル事業者の三種類がある（図表5-2）。この場合のリサイクル事業者はマテリアルリサイクルである。マテリアルリサイクル事業者の多くは所謂大企業であり，動脈で培った製錬技術等をリサイクルにも応用し，静脈の最終的な商品を動脈産業に販売している[13]。

　静脈フロー内でも，買い手の欲する財を，買い手が価値を感じる価格で提供できるか，静脈の各プレイヤーが利潤を実現できるか等，選別コストと販売価格との兼ね合いが絡む。静脈企業間での情報の非対称性もある。静脈フローは雑駁に描けば，解体事業者，破砕事業者そしてマテリアルリサイクル事業者へといった工程であるが，そのフローに沿って，それぞれが売り手であり，買い手となる。最終的なマテリアルリサイクル事業者の買い取価格を基準にして，各々の買い手が購入するか否かの決定権を持つ。最後のマテリアルリサイクル技術が静脈産業のアウトプットの品質を大きく左右するため，最終的な買い手であるマテリアルリサイクル事業者が購入決定するか否かは，川上・川中の事業者にとっては影響が大きい。

　しかし静脈の最後のマテリアルリサイクルによるアウトプットの品質の向

図表5-2　静脈産業を担う事業者

【出所】著者作成

12　すべてをマテリアルリサイクルにするとした場合，サーマルと比較して行程が増えるため，新たな外部性を生じるリスクもある。
13　マテリアルリサイクルについてはセメント産業を主体に第9章で述べる。

上には，川上・川中段階の解体・選別・破砕過程が重要である。これらを担うのは中小企業である解体事業者，破砕事業者である。安定供給や「地集地工[14]」に貢献する解体事業者や破砕事業者に，静脈産業が創出した利潤が適正に配分され，静脈フロー内で win-win が成立するシステム設計が課題である。

　3点目の課題は，2点目と関与するが静脈産業全体の経済性の向上である。静脈で創造されるアウトプットの買い手は動脈産業の企業である。動脈産業が材料として静脈産業で再生された正の財（グッズ）を仕入れるか否かの意思決定は，機会費用によりなされる。例えば，リサイクル材料による商品価格（回収費＋輸送費＋加工費）が，バージン材料による商品価格（採掘費＋輸送費＋加工費）より小さく，品質が期待を上回れば購入となる。

　このように静脈産業の収入は，動脈産業の需要に左右される。静脈産業の経済性の向上には，静脈産業のアウトプットが動脈産業に必要とされる価値を有しているかが課題である。これらを解決するには，バージン材料に匹敵する質と価格で提供できる再生物を創造できるよう，解体・破砕・リサイクル事業間の企業間連携も必須となる。製造時の動脈市場では自動車メーカーを主軸とした垂直の企業間関係が構築されているが，静脈市場の企業間関係は垂直よりも水平展開である。よって静脈には主要三品目の処理委託を除けば，下請け制度はないはずである。各事業単体の自由競争のビジネスであり，その面では静脈市場は動脈市場よりも需要と供給に則った市場交換が可能となる。その中で，需要あるマテリアルリサイクルの実現を意図し，コンソーシアムが自主自発的に形成され始めた。もちろん一事業者が垂直統合をしてフローの多くを一社で賄う企業もある。静脈市場は，資本主義社会の本質である自由競争を行いながらも，今後は，事業者のより緻密な連携が，適宜必要なのである。

　それは，持続可能な社会の構築の一翼を担う静脈の，「儲かる」産業としてのシステム作りを意味する。自動車産業全体の資源有効活用の要が静脈であることより，静脈産業だけでなく，動脈産業もともに静脈産業の付加価値

14　「地集地工」は筆者の造語。地産地消に倣い，地域収集，地域工業を意味する。

の実現に配慮することが求められよう。本章では資源有効活用に資する経営行動を CSR とみなし議論を進めているが，そもそも我々の考える CSR は企業そのもののサスティナビリティである。企業のサスティナビリティは企業の利潤の獲得が必要条件である，企業は得た利潤を，自らの事業の継続が可能となるよう将来に投資する，これにより企業のサスティナビリティは担保される。自らの存在を確実にできる企業でなくては，社会の資源有効活用には着手できない，よって適正に「儲かる」産業であることは CSR の考え方の基盤となる[15]。

　これは 2 点目の課題解決にもつながる。結局は静脈から創造される財にできるだけ多くの付加価値をもたらすことである。よって 1 点目の資源有効活用の限界を突破することも，付加価値を実現することに貢献するのである。

5.4　静脈ビジネスの抱える矛盾

　前述したように持続可能性を担う静脈産業は，動脈産業の変化により，その在り方が変化する。そこで今後の動脈の変化を推測し，静脈ビジネスについて検討してみよう。

　まず，一般的な再資源化産業の規模であるが減少傾向にある。環境産業には環境汚染防止分野，地球温暖化対策分野，廃棄物処理・資源有効利用分野，自然環境保全分野とあり，廃棄物処理・資源有効利用分野が本書で対象とする再資源化の静脈産業である。，環境省のデータによると，この分野の市場規模は 4 分野の中で最大であり 2008 年まで増加傾向にあったが，2009 年にはリーマン・ショック後の世界的な景気減速の影響を受けて落ち込むことになる。2009 年以降は，2013 年まで成長を続けたが，2013 年をピークに減少している。

　使用済自動車数は，我が国内だけでみれば横ばい，もしくは減少傾向にある。それは人口減により，自動車販売台数が減少することはもちろん，技術開発により不慮の事故等を防げ，廃車数が抑制されるからである。循環型社

15　CSR を企業の社会貢献として認識されることが多いが，社会貢献は CSR の領域の一部である。詳細は粟屋（2012）を参考のこと。

第 5 章　資源有効活用と CSR

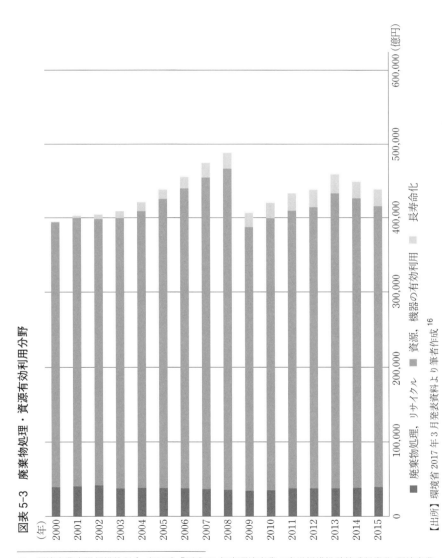

図表 5-3　廃棄物処理・資源有効利用分野

【出所】環境省 2017 年 3 月発表資料より筆者作成[16]

16　環境産業市場規模検討会（2017）「平成 28 年度環境産業の市場規模推計等委託業務 環境産業の市場規模・雇用規模等に関する報告書」p.23　http://www.env.go.jp/policy/keizai_portal/B_industry/b_houkoku3.pdf　（2017 年 9 月 14 日確認）

会の実現には，発生抑制（リデュース）が最優先であり，最上位概念である。したがって使用済自動車数の減少は，社会的に望ましい。しかしながらそれは他方で，使用済自動車を生産財とする現静脈産業にとっては自らの衰退を意味する。使用済自動車という生産財の減少は，静脈産業内でパイを奪い合うという不毛な競争を起こすことになる。

また動脈企業が，理想であるカー to カーの再資源化に着手したならば，取引コスト削減を図り，ディーラーによる静脈企業の垂直統合や動脈・静脈の一元化等が行われる可能性もある。動脈・静脈で分業が成立している現システムが変化するわけであるが，動脈・静脈の統合は，現静脈市場の衰退となる。資源有効活用のためには動脈・静脈の循環は最重要であるが，事業者の一体化は，静脈企業のビジネス機会の喪失をもたらすことになる。

これらからわかるように，社会の持続可能性を担保するための資源有効活用ビジネスは，既存の静脈産業の企業自らの存在を危うくするという矛盾を生じさせる。過去の経済の歴史を紐解けば，産業や市場，企業の淘汰は資本主義社会制度の宿命であることより，ビジネスシステムや産業の変化などは致し方ないことではある。しかし既存の静脈産業の企業は，資源有効活用に資するビジネスを構築してきた。つまり社会全体の永続性の追求に寄与してきた。社会全体の永続性の追求と個のそれとは二律背反することになる。全体最適の追求は，個の最適を棄損するのである。

資源有効活用を行うことによる CSR が自らの持続を阻止することは，経済的利益が目的である CSR の根幹に反することである。淘汰される企業は，新たなドメインを模索する等，動態的な経営者行動が必要である。

5.5　まとめ

自動車再資源化ビジネスを例にとり，CSR の視点で動脈・静脈について考察した。その結果，静脈領域が我々の社会的課題解決の場であり，今後も増加する外部性の有価物化を担う産業である事実を確認した。また静脈は社会全体の永続性に貢献する資源有効活用の機能を担っていることを論じた。

しかしながら静脈産業は動脈産業と分離した市場でありながら，使用済の

自動車が生産財となることで動脈に付随しており，動脈に絶対的な優位性が存在する。よって静脈が自律的に経済性を追求することは，現時点では困難である。また静脈産業に属する企業は，資源有効活用という永続性に貢献するビジネス内容であるがために，変化する外部環境への動態的な対応が必要であるという矛盾を指摘した。

以上を踏まえ，これからの CSR 経営，すなわち持続可能な社会の実現について考えてみよう。

静脈産業は，過去には日陰の存在であったが，社会環境の変化に伴い，その必要性が認識されつつある。なぜならば同産業の課題は我々の社会的課題であるからだ。海外に流出する中古車や，太陽光パネルやアスベスト含有製品の解体など将来的にも課題は山積みである。都市鉱山の発掘と活用は，我々の永続性に寄与するものであり，それを担う静脈産業は存在意義だけでなく，質が問われる時代に突入した。

しかしながらそうした現実に，社会の価値観は追いついていない。まずは消費者が静脈領域を認知し，その重要性を確認することが急務である。また CSR には拡大生産者責任が含有されるが，製造業において機能しているとは言い難い。ものづくりには，購入＋生産＋販売 に加え，回収＋選別・再生＋販売……の工程を議論の前提とし，動脈・静脈の両者でひとつの産業が形成されることを前提に経営を行うことが，永続性への第一歩であろう。同時に外部環境からマイナスの影響を受けやすい静脈産業の企業は，社会の永続性と共に企業自らの永続性を担保するために，戦略的な経営が必須であ

図表 5-4　動脈・静脈システム図

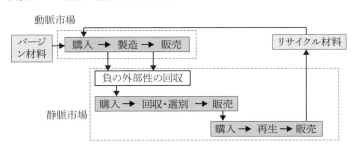

【出所】筆者作成

る。

　このように，社会的課題をビジネス化し利潤を獲得することは，これから
の CSR 経営のひとつの姿であるといえよう。将来的には，規模の経済や範
囲の経済の概念に並び，「再生（資源循環）の経済」の概念が認識されるよ
うになれば，我々の持続可能な社会も実現に近づくであろう。

＊本章は，粟屋仁美（2016）「資源有効活用と社会責任経営―自動車リサイクル事
　業を事例として―」『経営行動研究年報』第 25 号，経営行動研究学会，pp.10-
　15 を基にし，加筆修正している。

【参考文献】

Porter, M. E.（1985）*Competitive Advantage*, Free Press.（土岐　坤・中辻萬治・小
　野寺武夫訳（1985）『競争優位の戦略』ダイヤモンド社）
阿部　新（2015）「静脈産業の形成と発展に関する比較研究の課題：自動車の事例
　から」『研究論叢（第 1 部）人文科学・社会科学』第 64 号，山口大学教育学部，
　pp.1-14。
粟屋仁美（2012）『CSR と市場―市場機能における CSR の意義―』立教大学出版
　会。
宇津木隼・趙　王来・黒岩　翔・中嶋崇史・小野田弘士・永田勝也（2013）「自動
　車リサイクル部品の利用実態の把握とその有効性の検証」『環境工学総合シンポ
　ジウム講演論文集』第 23 号，一般社団法人日本機械学会，pp.145-148。
亀川雅人（2015）『ガバナンスと利潤の経済学―利潤至上主義とは何か―』創成社。
環境省（2015）「自動車リサイクル制度の施行状況の 評価・検討に関する報告書」。
木村眞実（2015）『静脈産業とマテリアルフローコスト会計』白桃書房。
外川健一（2001）『自動車とリサイクル―自動車産業の静脈部に関する経済地理学
　的研究―』日刊自動車新聞社。
外川健一（2010）「自動車解体業の統計分析試論―素材リサイクルを主とした解体
　業と国内部品流通を主とした自動車部品卸売業の現況―」『法と政策をめぐる現
　代的変容―熊本大学法学部創立 30 周年記念―』pp.425-441。
外川健一（2014）「環境と資源：主として金属鉱物資源，生物多様性を中心に」『経
　済地理学年報』第 60 巻第 4 号，経済地理学会，pp.249-263。
外川健一（2015）「自動車リサイクルシステムの現状」『環境経済・政策研究』第
　8 巻第 1 号，環境経済・政策学会，pp.92-95。
外川健一・木村眞実（2008）「リサイクルしやすいクルマの開発は進んでいるのだ
　ろうか？―自動車の「リサイクル設計」に関する一考察―」『廃棄物学会論文誌』
　第 19 巻第 2 号，廃棄物資源循環学会，pp.155-159。

南條道夫（1988）「都市鉱山開発―包括的資源観によるリサイクルシステムの位置付け―」『東北大學選鑛製錬研究所彙報』第 43 巻第 2 号，東北大学選鉱製錬研究所，pp.239-251。

八田進二　編著（2017）『関示不正―その実態と防止策―』白桃書房。

環境産業市場規模検討会（2017）「平成 28 年度環境産業の市場規模推計等委託業務 環境産業の市場規模・雇用規模等に関する報告書」p.23
http://www.env.go.jp/policy/keizai_portal/B_industry/b_houkoku3.pdf　（2017 年 9 月 14 日確認）

第6章 社会的課題と経営哲学

　意思決定の判断基準は，各人の哲学となる。特に経営者には社会を鳥瞰した哲学に基づく意思決定が求められる。しかしながら哲学や倫理観など，数値化できない概念は規範論になる。そこで，ここまで述べてきた社会的費用の私的費用化に必要な資源の最適配分や資源有効活用に資する哲学とは何かを，自動車と食品容器トレーの再資源化を事例に考えてみる。また，再生材の使用や使用済み製品の活用そして産業を構成する事業者との共存，こうした社会性の配慮が，自動車メーカーには期待される。

6.1　本章の目的

　本章は，企業と市場の両側面より静脈市場の課題に言及し，静脈市場を含有した経営学の必要性を述べ，経営哲学に新たな視点を提起することを目的とする。本章で述べる経営哲学とは経営者の視点の位置を示す。具体的には産業全体，社会全体といった空間軸，かつ将来への時間軸を踏まえた高所大所からの意思決定やマネジメントを意味する。

　成熟した社会において，企業が持続的な競争優位を獲得することは容易ではない。よって企業は，新たな技術開発や既存市場の盲点を突くニッチ領域など，常に他社を凌駕する市場やビジネスを模索している。他社が認識していないビジネスチャンスを発見し早期にビジネス化・市場化すれば，先行者利潤を獲得することができるからだ。ビジネスチャンスとして何を見つけ，何を創るか，そうした経営判断には，理屈では説明し難い経営者の勘やセンスまた哲学が関与してくるであろう。

　経済産業省（2010）は『産業構造ビジョン 2010　我々はこれから何で稼ぎ，何で雇用するか』において，①インフラ関連／システム輸出，②文化産業，③環境・エネルギー課題解決産業，④医療・介護・健康・子育てサービス，⑤ロボット，宇宙等の先端分野の5点を戦略分野として提起している[1]。我々

1　経済産業省（2010）p.38

はその中の③環境・エネルギー課題解決産業に焦点を当て研究を重ねてきた。環境問題，つまり社会的課題は社会に多々存在しているが，それらを解決することがビジネスとなる。企業の経営行動により生じる環境問題は外部性を生じ，それらを補完し市場交換を行うために社会的費用が発生する。本書で繰り返し述べてきたが，環境問題の解決がビジネスになるのは，この社会的費用を私的費用化することで外部性が内部化されるからである。その顕著な例が，再資源化ビジネスである。

　再資源化ビジネスは，以前は市場，公共，家庭に大別されてもいたが，現在は統合して認識されている[2]。企業は財・サービスを市場交換したら終了，ではなく生産，流通，販売，廃棄，再生産の一連を考慮し，かつ収益を上げることを視野に入れつつある。もはやリサイクルやリユース等は単なる慈善やボランティアではない。拡大生産者責任を全うすることを所与とした再資源化ビジネスが期待されているのである。しかしながら，これまで経営学が前提としてきたのは製造・販売を主体とした動脈市場であり，廃棄・再生としての静脈市場の考察や経営行動の分析は，市場同様に発展途上である。したがって静脈市場の再資源化ビジネスの研究も緒に就いたばかりである。

　リサイクルは製造されたものを単にリバースしてできるものではない。製造工程の長さや複雑さに比例し，再資源化も困難になる。特に川上，川下の関連企業が複数に及ぶ財のリサイクルは，他社との連携により可能となるビジネスである。故に再資源化のためのイノベーションは，一社の視点ではなく産業全体の視点も求められよう。

　以上を踏まえ本章では，ここまで述べてきたことの確認の意味も含みながら，再資源化ビジネスに取り組む企業の経営行動を，社会的費用の私的費用化，換言すれば外部性の内部化という観点より再考察する。具体的には自動車の再資源化市場と，食品容器トレーのリサイクル市場を比較するものである。それらより，動脈のメーカーの静脈領域への関与について，もっといえばその考え方について検討するものである。経営哲学とは何か，問うてみる章である。

2　郡嶌（1991）参照のこと。

6.2 先行研究の確認

6.2.1 Kapp, K. W. の社会的費用論

　他章でも述べてきたが，社会的費用研究の第一人者である Kapp（1950）は，社会的費用を「私的経済活動の結果として第三者または一般公衆が蒙る全ての直接間接の損失」を含み，「企業家の支出の中には算入されず，第三者または社会全体に転嫁されそれらによって負担される」ものと定義している。

　寺西（2002）[3] は，外部性が価値基準に基づく問題の捉え方である一方で，Kapp の社会的費用論は価値基準を重視していると述べる。その根拠として Kapp の論には，本来，誰が責任を負うべきかを制度的に明確にせねばならない考慮されざる費用と，本来，誰が支払うべきかを制度的に明確にせねばならない支払われざる費用という問題提起が含有されていることを指摘する。「誰が責任を負うべきか」は所有権の明確化であり，「考慮されざる費用」が社会的費用，「誰が支払うべきか」は私的費用化する主体であり，「支払われざる費用」も社会的費用である。

　寺西による Kapp の社会的費用論を踏まえた上で，市場の失敗，外部性・内部化，社会的費用・私的費用の位置付けについて確認したい。理論的には，市場交換は等価で行われ収入と支出は一致することが是とされる。これらは，市場の完全性が仮定された場合に限定される。完全市場ではない現実の市場では，この機能を完全に遂行することは不可能である。これが市場の失敗であり外部性を生じる。市場は，収入と支出の差異である企業の利潤をシグナルとし，資源を配分する。したがってシグナルとなる利潤が，社会的に適正か否かが資源の適正配分の鍵となる。外部性により利潤が不適正な値になると，市場全体の資源の適正配分は行われず，再び市場の失敗が生じるのである。

　資源の適正配分を行うためには，市場交換をあるべき姿に是正することが必要である。その方法として，外部性の内部化，すなわち社会的費用の私的

3　寺西（2002）p.77

費用化がある。これが企業のなすことのできる経営行動である。実態や数値を把握することの困難な社会的費用を私的費用化するには，Kapp が指摘するように，誰が責任を負うべきか，誰が支払うべきかの究明が求められる。これは外部性の所有権を明確にすることを意味するものであろう。

　市場交換活動により処理の必要な外部性が生じた際，その所有権が不明確な場合は，かつてそれらは社会的費用で賄われていた。社会環境の変化により外部性の所有権が明らかになると，先の社会的費用の負担者は外部性の所有者となる。つまり企業が市場交換時に負担すべき費用を，自らが負担することとなる。そうした費用化は収入から費用を差し引いた残である企業の利潤が，ようやく適正な値になることを示す[4]。利潤が市場全体の資源配分のシグナルであることを鑑みれば，社会的費用の私的費用化は社会的に意義のあることと言えよう[5]。

　前述したように佐和（2002）は外部性の内部化の方法として，外部性の取引市場を作り出すこと，外部性を有償にする措置を講じることのふたつを挙げる[6]。どちらも社会的費用の私的費用化であるが，費用化の主体が企業ではなく消費者や他者であることも私的費用化ではある。自らが生じた外部性を企業が負担することは，企業の姿勢を経営哲学や戦略の形で社会にディスクローズすることになる。

6.2.2　再資源化ビジネス

　一般的なリサイクルに関しての研究は，経済学では厚生経済学を基盤としたものであるが，経営学では企業の CSR 研究の発展とともに，特に 2000 年以降活発化した。

　静脈市場のビジネスは外部性の内部化，換言すれば社会的費用の私的費用化でありビジネスチャンスの宝庫でもある。植田（1992）は，既述したように再資源化ビジネスの必要条件として，①廃棄物が大量に存在，②廃棄物に有用な属性が存在，③廃棄物を再資源化するための技術が存在，④再生品

4　第 2 章で詳述している。
5　粟屋（2012a）
6　佐和（2002）p.58

への需要が存在することを挙げる。これらの 4 条件は，廃棄物と再生品の量と質のコントロールが前提とされる。またリサイクル活動を活発化するためには，バージン材料を利用するよりも，廃棄物から再資源化された再生資源を利用する費用の方が安価であることや，価格差がある程度，長期間にわたり維持されることが必要であると述べる[7]。

細田（1999）は静脈産業と比較し，アンバランスに動脈産業だけが発展したと指摘する。動脈側と静脈側とを接続させれば，滞りのないリサイクルの輪を完結することが可能となるが，個別の企業の立場でリサイクルが（経済的に）望ましくない状況が続くと，この方向への経済は進まないと述べる[8]。

つまり，再資源化ビジネスの遂行は，企業の環境ビジネスに対する取り組み姿勢を問うものである。再資源化ビジネスの方法論は社会全体が是としても，一企業がそれをビジネスとして取り組むか否かは当該企業の経営判断に左右される。その経営判断は経営者の経営哲学が関与する。

6.2.3 市場のバランス（経済性と社会性，動脈と静脈，需要と供給）

市場交換の具現化は，経済性と社会性のバランスが大きく関与する。再資源化ビジネスは，社会的費用を私的費用化する経営行動のひとつであるが，どのような費用化でも企業は経済的利潤を獲得しなければ自身の存続が危ぶまれる。もちろん社会的価値観からみて企業負担が妥当とされる費用化を企業が怠れば，別の意味で企業生命が危ぶまれる。再資源化ビジネスで経済性を担保することは前節で述べたように容易ではない。そこで市場バランスについて確認する。

市場を互恵の場として表現した Smith, A. は，消費者自身の利益となる財・サービスを企業が提供すれば，企業の経済性は保たれると述べた[9]。自由主義を重視する Friedman（1962）はルールに則ることを前提に，自発的な交換が経済活動を調整するとする。しかしながら完全市場ではない現実の市場

7　植田（1992）
8　細田（1999）p.89
9　Smith 訳（2007）一編二章

は失敗する。これを菊澤（2010）は不条理と表し，

　全体合理性 ≠ 個別合理性

　効率性 ≠ 正当性（倫理性）

　長期的帰結 ≠ 短期的帰結

の３点において市場の不条理を指摘する[10]。こうした不条理，つまり市場の失敗はマイナス面ばかりではない。亀川（1987）は財務の観点から，企業が市場の失敗に時間的な機会の不平等を発見した時，資本を投下すれば利潤が享受される，利潤が享受されれば新たな資本が参入し，市場が形成されてくるとする[11]。つまり，市場の失敗は企業の市場・ビジネス創造のチャンスであり，同時に Schumpeter（1912）の提起する経済が発展する時でもある。

　我々が言及する再資源化ビジネスは，静脈市場を形成する市場創造のチャンスでもある。これまでの経営学は動脈市場を中心に議論されており，静脈市場におけるビジネス事例はもちろん経営学的研究の蓄積は乏しい。また緒に就いたばかりである経営学における再資源化の研究対象は，制度，仕組み，静脈市場の解体事業者がメインであり，動脈と静脈の関係性を考察した論稿は少ない。静脈市場におけるビジネスは，社会的課題の解決に寄与するものであるが，動脈と静脈の関係を鳥瞰すれば当該ビジネスは何らかの経済発展への示唆も含む可能性がある。

6.3　自動車と食品容器トレーのリサイクルビジネスの比較

　我々の研究事例の中から，共にリサイクルビジネス市場を確立しながらも，異なる構造によって成立している顕著な事例をふたつ挙げる。食品容器トレーのリサイクル市場と，自動車の再資源化市場である。本章では，リサイクルと再資源化と用語を使い分ける。食品容器トレーは，後述するが，トレー to トレーであり，元の姿に戻るということでリサイクルの用語を使用する。自動車は使用材が多岐にわたり膨大であることよりカー to カーは難

10　菊澤（2010）p.1
11　亀川（1987）p.32

第 6 章　社会的課題と経営哲学

しく，他の財に再生するため，再資源化と呼ぶ。もちろん一般的に使用する
リサイクルの用語は，本章で述べる再資源化も含むが，あえて使い分けるこ
ととする。

6.3.1　食品容器トレーのリサイクル

　食品容器トレー（発泡スチレンシート製トレー）の廃棄という社会的課題
の解決に着手しリサイクルトレー市場を創造した企業に，株式会社エフピコ
（以下 エフピコ）がある[12]。使用済食品容器トレー（以下 使用済トレー）を
回収し再生トレー（エコトレー）にリサイクルするというエフピコのシステ
ムは，「トレー to トレー」と称呼され，2004 年に商標登録されている[13]。消
費者は使用済トレーを洗浄し乾燥させ，小売店が設置した分別ボックスまで
持参する。食品容器トレーを納入するエフピコの物流トラックは，帰り便を
活用して使用済トレーを回収する。エフピコは使用済トレーを選別，洗浄，
粉砕，溶融・押出の過程を経てリサイクル原料（ペレット）に戻し，エコト
レーを製造する。

　エフピコが同システムを開始したのが 1990 年であるが，当時はリサイク
ル関連の法制度は無い。その後 2000 年に容器包装に係る分別収集及び再商
品化の促進等に関する法律（以下　容器包装リサイクル法）が全面実施さ
れ，社会制度がエフピコの動きを後追いする形となる。2013 年時点でエフ
ピコが製造するトレーの汎用品に占めるエコトレー比率は 79 ％，2017 年 3
月時点で 1990 年のリサイクル開始時からエフピコが回収した使用済トレー
等[14] の総量は約 13 万 2,500 トンである。また売上高は前年比増が継続する
など，財務面も安定している。さらにエフピコは使用済ペットボトルから再
生透明食品容器を製造するボトル to トレーも 2010 年から開始し，2017 年

12　㈱エフピコ，本社は広島県福山市曙町 1-13-15，事業内容はポリスチレンペーパーおよびその
　　他の合成樹脂製簡易食品容器の製造・販売，並びに関連包装資材等の販売である。設立 1962 年，
　　資本金 131 億 5,063 万円，従業員数 807 名 （エフピコグループ：4,513 名）（2017 年 3 月 31 日
　　現在）。
　　　エフピコの事業に関する詳細は粟屋（2012b）参照のこと。
13　数値や最新の動向などは，取締役　総務人事本部副本部長特例子会社・就労継続支援 A 型事業
　　管掌（兼）環境対策室　管掌（兼）法務・コンプライアンス統括室　管掌　西村公子氏にも E
　　メールにて確認した。
14　ペットボトル，透明容器なども含む。

83

度末には使用済ペットボトルのエコ化率 95 ％を計画している。

6.3.2　自動車の再資源化

　自動車の再資源化制度については既述しているが，エフピコとの比較をするために再度確認する。巨大産業の使用済自動車の再資源化は，2005 年施行の自動車リサイクル法により制度化されたが，我が国では以前より解体事業者が市場原理を活用し担ってきた。同法は不法投棄・不適正保管車両やASR が増加する中で，フロン，エアバッグ等の適正な処理も社会的課題となり，これらを解決するために制定された。加えて同法は，使用済自動車の処理を自動車メーカーだけではなく，消費者や解体事業者等も巻き込んでいる。

　自動車の静脈市場には，使用済自動車の引取，解体，フロン・エアバッグの回収と処理，中古部品の販売，鉄・非鉄金属の販売，破砕，ASR の燃料化等多岐にわたるビジネスがある。注意すべきは自動車リサイクル法の対象が，フロン，エアバッグ，ASR のみであり，それ以外の部品や鉄・非鉄の処理やリサイクル，リユースは制度の範疇外である点である。そうはいえ自動車リサイクル法により使用済自動車の徹底管理が行われ，同法が目的とした不法投棄・不適正保管車両や ASR 量は減少した。また自動車リサイクル法では解体事業者を許認可制としたため，事業者の社会的認知度や経営管理力，技術力が向上し，法制度の関与しない領域の市場も活性化した。

6.3.3　静脈領域の相違

　食品容器トレー（エフピコ）と自動車の静脈領域の相違について述べる。

　リサイクル・再資源化システムが創造される以前の外部性は，使用済トレーは家庭ごみとして自治体が，使用済自動車は市場原理で発展した解体事業者が主に負担していた（図表 6-1 内の①）。使用済トレーのリサイクル市場創造の契機は，エフピコの当時の代表取締役社長 小松安弘氏[15] の英断である。小松氏は 1980 年代に訪問した米国で，ハンバーガーショップで使用

15　2009 年（平成 21 年）6 月に代表取締役会長兼最高経営責任者（CEO）に就任し，2017 年 5 月に逝去。

84

第 6 章　社会的課題と経営哲学

図表 6-1　我が国における食品容器トレー（エフピコ）と自動車の静脈領域の相違

	エフピコ 食品容器トレー	自動車
①リサイクル・再資源化システム機能以前の社会的費用の負担者	自治体＋（住民）	市場原理で発達した静脈産業＋自治体＋（住民）
②リサイクル・再資源化システム実施のきっかけ	トップの意思決定	不法投棄等の甚大な被害による法制度の施行
③動脈と静脈	循環 ・トレー to トレー ・ボトル to トレー	一部は循環，多くは分離
④主体　動脈市場	エフピコ	自動車メーカー
静脈市場	エフピコ	・自動車リサイクル法では自動車メーカー（フロン，エアバッグ，ASR の処分やリサイクル，またリサイクル設計） ・静脈産業の企業 ・リサイクル料金の負担は動脈の購入者
⑤使用済製品の所有権	エフピコ	自動車メーカー＋静脈産業
⑥メーカーがリサイクルすることの経済性	ある	現在ではあるとは言い難い

【出所】筆者作成

された発泡スチロール容器がゴミとの山となり，社会問題となった様子を目の当たりにした。当時日本ではそうした問題は生じてはいなかったが，近い将来，同様の課題が浮上することを察知し，制度化される以前に食品容器トレーを回収しリサイクルするビジネスを行うことを意思決定したのである[16]。同業他社が，発泡スチロール容器のリサイクルは時期尚早と判断する中，同社は一社のみでリサイクル技術や廃棄されるトレーの収集手法などを開発した。他方で自動車は，不法投棄などの社会問題を解決するために施行された自動車リサイクル法により，回収し廃棄するとともに再資源化するシステムが構築された（図表 6-1 内の②）。

---

[16]　2009 年 6 月に㈱エフピコの当時の環境対策室ジェネラルマネージャーの松尾和則氏にヒアリングした内容である。

動脈と静脈の関係も異なる。使用済トレーの静脈は動脈で再利用するための活動であり，動脈に循環して静脈が存在する。自動車のリサイクルは，動脈の主体が自動車メーカーであり，静脈の主体は解体事業者，破砕事業者，マテリアル事業者等である。使用済み自動車の一部は自動車に再生されるが，多くは別のものにリサイクルされる。したがって静脈は動脈と乖離し別の市場として存在する（図表6-1内の③）[17]。

　動脈と静脈の在り方の相違は，主体の相違でもある。使用済トレーのリサイクルの主体はメーカーであるエフピコであり，動脈・静脈の各々の川上から川下まで一貫してエフピコがコントロールする。他方で自動車のリサイクルは，法制度として，フロン，エアバッグ，ASRの3点については，主に自動車メーカーを中心とした仕組みとなっているが，それらの費用の負担者は動脈領域の購入者である（図表6-1内の④）。再資源化は静脈の事業者が主役である。

　主体の相違は所有権の分散の方法の相違を意味する（粟屋　2012b）[18]。どちらのリサイクルも，製造，流通，消費，廃棄，再生の段階で役割分担がなされている。使用済トレーの外部性の所有権は一度分散した後，エフピコに回帰する。メーカーが生じる外部性をエフピコはある程度は内部化しているといえよう。

　他方で自動車の再資源化は，そのフロー内に自動車メーカーが実質的に所有権を持つ場面は少ない。自動車リサイクル法で制定された自動車リサイクル料金の使用先であるエアバッグ，フロンガス，ASR等の外部性の所有権は自動車メーカーであるが，自動車メーカーが静脈産業に委託し，外部性の内部化を行っている。自動車リサイクル料金の負担者は自動車の購入者でもあることより，自動車メーカーが使用済自動車の所有権を有しているとは表現しがたい。この点で判断すれば，自動車メーカーは支払うべき費用を支払っていないことになる（図表6-1内の⑤）。

　外部性の所有ということを経営学の視点で考えるならば，その所有権が経

17　第9章ではマテリアルリサイクル事業の代表的事業であるセメント事業について触れ，動脈と静脈の接点であると述べている。本章では，元の製品に戻るリサイクルについて述べているため，動脈と静脈は分離と表現している。

18　粟屋（2012b）p.101

第 6 章　社会的課題と経営哲学

済的利益をもたらす財産権であることが前提とされる。エフピコは使用済ト
レーを大量に回収しリサイクル技術を向上させることで，安定的に再生資源
を提供することを可能にした。価格が乱高下するバージン材料は不確実性に
満ちているため，総合的に考えれば取引費用はバージン材料より再生資源の
方が低くなる。ここにリサイクルビジネスの成功要因がある。

　他方で自動車の再資源化は，費用の負担者が所有者となる一般論と異な
る。自動車の所有者は購入時に先払いでリサイクル料金を支払い，使用後は
その所有権を失う。しかし先払いしたリサイクル料金は自動車リサイクル促
進センターの管理の下，当該自動車に紐づけされている。リサイクル料金は
フロン，エアバッグ，ASR の処理と再資源化に使用されるが，それら以外
の部品や材料のほうが質量ともに大きい。自治体の許認可を受けた解体事業
者や破砕事業者により自動車という財産権は分解される。製造工程や使用素
材・部品が複雑多岐にわたり，所有者も多種多様になる。最終的に財産にな
るであろう潜在的な価値を有する所有権が解体・破砕フローと共に移動する
のである。

　自動車は中古部品や素材のリサイクルは可能であるが，全体のリサイクル
費用の計算そのものが不可能である。樹脂のリサイクルなどの一部は実現さ
れてはいるが，自動車から自動車への全体的な再資源化は，少なくとも現時
点においては不可能である。動脈の主役である自動車メーカーに，静脈での
経済性は存在していないからである（図表 6-1 内の⑥）。ここに自動車の静
脈産業に属する企業にとってのビジネスチャンスがあるともいえよう。

6.4　社会的課題と企業経営

6.4.1　メーカーと再資源化

　自動車が生じる外部性は，製造・流通・販売する際，自動車が走行する
際，そして使用済自動車（廃棄，解体）となった際に発生するものと段階に
より異なる。前節で自動車の静脈産業に属する企業の意味付けについて述べ
たが，製造を主体に行う自動車メーカーは，外部性に対し所有権を持たなく
てもよいのだろうか。あるいは持つとして，どこまで関与すればよいのだろ

うか。この判断基準に製造する企業の考え方，すなわち哲学が表れることとなる。

　市場の需要側は消費者であり，Smith, A. の理論に当てはめれば，供給側は消費者の期待するものを提供することになる。すなわち，外部性を内部化する範囲は，消費者の束である社会の価値観により決定される。使用済自動車の外部性（バッズ）部分の処理を自動車メーカーが負担することが社会の価値観ならば，自動車はその責務を負っていないことになる。しかしながら，現時点で社会はメーカーに全面的なリサイクルを求めてはいない。消費者にとって最大の興味関心はデザイン性や機能，スピードなどの嗜好領域であり，それ以外では燃費や燃料であろう。したがって自動車メーカーは環境対応車の開発に注力している。次いで，環境報告書などで明記される製造時の CO_2 の排出量削減である。

　使用済み自動車から生じる外部性の所有権が，社会の価値観で明確ではないということを鑑みれば，それらを認識するには自動車メーカー単体ではなく，業界全体の観点が必要と言えよう。

　使用済トレーのリサイクルは，動脈・静脈市場が循環している「循環型フロー」である。使用済自動車のリサイクルは，動脈・静脈市場が分断している「分断型フロー」である。自動車の静脈市場は，「使用済自動車の再資源化市場」という全く別の市場となり，当該市場は多数に枝分かれする。樹脂などの一部は自動車の材料として使用されるものもあるが，それ以外のほとんどは自動車以外に再資源化される。これを平岩・貫（2004）は「異なる市場価値をもつ多様なリサイクル資源が凝縮された複合財」と述べる。

　動脈市場で自動車メーカーの自動車生産量が増大すれば，それに正比例して静脈市場は拡大し[19]，自動車産業全体が活性化する。これは各段階でアクターが自己満足（効用）を最大化すれば，自己利潤最大を追求できるとする Smith（1776）の理論にも合致する。自動車市場は分断型フローであるが，静脈産業の企業が自主自律的にビジネスを行っているという産業特性を鑑みれば，自動車産業がエフピコのように統合型であることが絶対的に良いか否

19　鉄価格の影響はある。

第 6 章　社会的課題と経営哲学

図表 6-2　自動車と食品容器トレーの資源フロー

	生産	流通	消費	収集・再資源化・再市場化	転売・再資源化・再市場化
自動車	原材料・部品供給，メーカー	小売・物流	消費者	解体事業者	破砕事業者，再資源化事業者
食品容器トレー	メーカー	小売・物流	消費者	メーカー	なし

【出所】　著者作成

かは議論の余地がある。自動車メーカーは静脈を統合するのではなく，静脈の事業者が再資源化しやすいような易解体設計や，解体のための情報開示を行うことで再資源化に寄与することも可能である。

6.4.2　社会的課題を解決するビジネスの発展方法

エフピコは，リサイクルの法制度等が確立されていない中でそれを行い，リサイクルトレーの市場を自律的に創造した企業である。この社会的課題の解決のための企業行動は，Schumpeter（1912）の述べる新たな生産方法，新しい供給源に該当しよう。エフピコの意思決定は，当時のトップの経営哲学が反映される。自らが作った財が，ゴミとなってあちらこちらに廃棄される様子を見たくなかったわけである。

他方で既存の静脈産業を活用した自動車の再資源化は，自動車リサイクル法制定の目的を国内では達成しており評価に値する。この制度の興味深い点は，既述したように外部性の生産者と内部化の実行者が異なること，自動車メーカーが外部性を生じれば生じるほど，内部化する解体事業者の市場規模は拡大することである。鳥瞰して自動車産業で捉えるならば，企業単位ではなく産業全体で，新たな生産方法や新しい供給源を開発しているといえよう。

仮定ではあるが，今後消費者が自動車リサイクルの関心度を高めたならば，自動車メーカーは静脈領域も包含した車作りを行うであろう。あるい

は，環境対応車の開発が加速したならば使用する素材が現状の自動車とは異なり，カー to カーリサイクルを行える可能性もある。そうなれば現在は分断している動脈と静脈が循環し，自動車メーカーがエフピコのように静脈領域を垂直統合することも想定される。つまり自動車メーカー自身が外部性を内部化することになる。これは，自動車メーカーの利潤において市場全体の資源の最適配分の視点からは有用な経営行動である。

しかし，上記のような自動車メーカーの内部化が進めば，第5章で述べたように既存の静脈市場は縮小し淘汰されることも推測される。つまり，外部性の内部化により新たな外部性が生じる。どちらを取るかの判断の正当性は立場により異なる。

今後の自動車再資源化市場では，次のふたつの選択肢が想定される。

①再資源化が「分断型フロー」状態にある自動車メーカーが，リサイクルで「循環型フロー」のエフピコのように，一企業で外部性を内部化するための技術革新を起こし，産業全体の垂直統合型の構造改革を進める

②一企業ではなく，産業全体で動脈・静脈を循環させ付加価値を生む新たな生産方法，新しい供給源を創造する

である。

社会環境の変化は外部性の枠組みや，社会的費用の負担者も変え，利潤の意味も変える。製造するのみの成長から，製造・再生と総合的な発展が求められている現代では，自動車メーカーには一企業と産業全体との両方を考える経営哲学が期待されている。

6.5　まとめ

本章では，食品容器リサイクル市場と自動車再資源化市場の事例を比較し，社会的課題がビジネスチャンスを生む構造や，外部性の内部化の相違について指摘した。静脈市場の経済的・経営的役割についても述べた。その上でイノベーションには，一社単体で行えるものと，産業全体で新しい供給源や生産方法を開発する場合もあることを指摘した。

Friedman（1962）は自発的な交換を妨げる要因のひとつとして外部性を

挙げたが，企業が市場を活用し，外部性を逆手にとって（内部化して）ビジネス化・市場化する動きが現実に起きていることは注目に値する。留意すべきは，動脈市場中心から静脈市場を含有した市場経済を考えなければならない時がすでに来ているということである。自社企業の成長や競争優位は経営者にとって第一優先事項であるが，静脈を含んだ産業全体での共存共栄や経済全体の発展，また地球規模のサスティナビリティとのバランスをいかにとるかが，企業経営に，それを導く経営哲学に必要なのであろう。

　静脈市場は動脈市場と不可逆的な関係にある市場である。動脈市場を対象に誕生し発展してきた経営学である故，静脈市場では既存の理論が適用できないことも想定される。例えば，社会的費用を私的費用化する市場交換の手法，市場か企業かの境界，海外への流出が避けられないバッズへの対応，費用や利潤の解釈などである。よって今後は静脈市場を含んでの経営学研究の推進が急務であることは明白である。その際，経営学研究の基底となるのは経営哲学である[20]。静脈市場と動脈市場の在り方について根本的原理を追求していくことが経営哲学の基礎理論に新たな視点をもたらすと言えよう。それらを具現化した結果の企業の戦略や経営行動は，成長し成熟した産業の総合的な発展に寄与することが期待される。

＊本章の研究については，文中に述べたように㈱エフピコに多大なご配慮を賜った。取締役 総務人事本部副本部長 西村公子様に心より感謝申し上げる。

＊本章は，粟屋仁美（2015）「社会的課題と企業経営―静脈市場を考える経営哲学―」『経営哲学』第12巻第1巻，経営哲学学会，pp.40-44を基にし，大幅に加筆修正している。

【参考文献】

Friedman, M.（1962）*Capitalism and Freedom*, The University of Chicago Press.（村井章子訳（2008）『資本主義と自由』日経 BP 社）

Kapp, K．W．（1950）*The Social Costs of Private Enterprise*, Harvard University Press.

20　経営哲学について，島袋（2006）は，物事を決定する場合の基礎理論ないし羅針盤となる共通の価値観と定義している。また厚東（2010）は経営哲学には，価値，実施規範，考えの体系も包摂され，意思決定，経営戦略に反映すると述べる。

（篠原泰三訳（1959）『私的企業と社会的費用』岩波書店）

Smith, A.（1776）*An Inquiry into The Nature and Causes of The Wealth of Nations.*（山岡洋一訳（2007）『国富論〈上〉』一編二章，日本経済新聞社出版局）

Schumpeter, J, A.（1912）*Theorie der wirtschaftlichen Entwicklung*, Quadriga.（塩野谷祐一・中山伊知郎・東畑精一訳（1977）『経済発展の理論―企業者利潤・資本・信用・利子および景気の回転に関する一研究―〈上〉』岩波書店）

粟屋仁美（2012a）『CSR と市場―市場機能における CSR の意義―』立教大学出版会。

粟屋仁美（2012b）「社会的課題を解決する市場の創造―コストと戦略―」『経営哲学』第 9 巻第 1 号，経営哲学学会，pp.98-102。

植田和弘（1992）『廃棄物とリサイクルの経済学』有斐閣。

亀川雅人（1987）「市場の失敗と企業の創造・組織化―資本コストと経営管理費用―」『経営行動』第 2 巻第 4 号，経営行動研究学会，pp.28-37。

菊澤研宗（2010）『企業の不条理』中央経済社。

郡嶌　孝（1991）「リサイクルの採算性をめぐる諸問題」『廃棄物学会誌』第 2 巻第 2 号，廃棄物学会，pp.124-130。

経済産業省（2010）『産業構造ビジョン 2010　我々はこれから何で稼ぎ，何で雇用するか』。

厚東偉介（2010）「経営哲学の諸領域と基礎概念」『早稲田商学』第 423 号，早稲田商学同政会，pp.357-380。

佐和隆光（2002）「第 2 章　市場システムと環境」『環境の経済理論』岩波書店。

島袋嘉昌（2006）「経営哲学学会創設の経緯とその後の 10 年間（1984〜1993）の実態と展望」経営哲学学会編『経営哲学とは何か』文眞堂。

寺西俊一（2002）「第 2 章　環境問題への社会的費用論アプローチ」佐和隆光・植田和弘編著『岩波講座　環境経済・政策学〈第 1 巻〉環境の経済理論』岩波書店。

平岩幸弘・貫　真英（2004）「第 1 章　静脈産業と自動車解体業」竹内啓介監修，寺西俊一・外川健一編著『自動車リサイクル』東洋経済新報社。

細田衛士（1999）『グッズとバッズの経済学』東洋経済新報社。

㈱エフピコホームページ

http://www.fpco.jp/about/company/overview.html　（2017 年 8 月 2 日確認）

第7章 市場創造と法制度

　自動車再資源化の法制度については第3章で述べたが，第7章では制度化されていない衣類のリサイクルと比較することで，制度の意義をあぶり出そうとするものである。法制度は，社会の価値観の変化により既存のシステムが機能しなくなった時などに構築される。法制度は万全ではなく，最大の外部性を補完しても，その他の外部性は放置され，かつ新たな外部性も生まれる。また，時に技術開発を阻害することもある。したがって，適宜見直しを行い，制度を変更することも必要である。

　再資源化に対して制度の有無がもたらす影響の最大の相違点は，使用済みの財の収集の容易さである。自動車はリサイクル制度により所有者が紐付けされ，収集が可能となり，その後のフローの効率が向上した。衣類は自動車と比較し，機能や材料・素材も異なる上に，一般廃棄物として処理もしやすいため，再生財としての収集が困難ではある。しかし，一部の環境意識の高い企業が率先して収集，再資源化に取り組んでおり，再資源化の技術やシステムの開発は，今のところ制度に依ることなく，企業の経営行動に委ねられている状態である。よって再資源化の技術やシステムは，制度に依らなくても企業の経営行動により可能である。

7.1　本章の目的

　本章では，自動車の再資源化ビジネスの社会的位置付けや機能を，法制度を基軸に概観し，制度化が同市場やビジネスにどのような影響を与えたかを，所有権理論の観点より考察することを目的とする。自動車再資源化に関する社会制度は第3章でも述べたが，本章では他の産業の再資源化ビジネスと比較することで，制度の意義を問うものである。よって前述と重複する面がある。

　社会的課題のビジネス化に対する経営学的関心度が，成熟した環境下での差別化可能な領域として増大している。昨今では金融市場においても ESG 概念（環境 Environment，社会 Social，企業統治 Governance）を含有する動きもある。ESG の「E」に相当する社会的課題は多様であり，個々によりその対象や重要度が異なるが，我々が快適な生活を送るためには，少なくとも社会的課題を明確にし，その要因を解消するか，あるいは悪影響を軽減させるための手だてを講じることが必要である。

我々はこれまでに，社会的課題の中で環境対策・保全に着眼し，環境ビジネス（廃棄物を有価物化するビジネス）における研究を蓄積し，以下のような特色を抽出した。例えば，容器包装リサイクル法が制度化される以前より市場創造が始まった食品容器トレーのリサイクルでは，外部性の所有権をメーカーに回帰させることでビジネスを可能にしていることを導出した[1]。埋め立てるしかない廃棄物を炭化物化する市場は，外部性を正（有価物化）にして，その所有権の移転先を確保することの重要性を述べた[2]。また，後述するように，衣類の再資源化は，各企業が技術開発やビジネスシステムの構築を重ねてはいるが，リサイクル衣料に対する社会の意識や技術などが十分とは言えず，市場創造途上であることを指摘した[3]。

　衣類の再資源化は，我が国では法制度化はされていない。その中で自主自発的に衣類の再資源化に取り組むビジネスからの示唆を特筆すれば，再資源化ビジネスには，規模の経済性，外部性の内部化を促進する社会の価値観の醸成，川上・川中・川下間の企業間連携（企業間連携を機能させるリーダーの存在等も含む）等が必要なことである。再資源化するための材料の量や数を確保できなければ，再資源化フローが機能しない。量や数を確保するには，法制度や社会の価値観の醸成によるシステムの有無が大きく影響する。また衣類のような，繊維・デザイン・縫製・小物等，川上から川下までいくつかの産業にまたがる財の再資源化は，各々の専門家の連携が必須であるし，彼らを取りまとめるリーダー（個でも組織でも）の出現も期待される。つまり，衣類の再資源化ビジネスを効率的に機能させるには，使用済自動車と同様に，財（再資源化対象の使用済となった衣類）の所有権を明確にすることが必要なのである。

　こうした衣類の再資源化ビジネスと比較すれば，法制度化され，規模の経済がきく自動車再資源化ビジネスはその遂行が容易と推測されても否定はできない。

　本章ではまず，自動車の再資源化はもちろん環境対策に関する法制度を確

1　粟屋（2012a）本書の第 6 章でも述べている。
2　粟屋（2012b）
3　粟屋（2014）

認し，法制度化によりビジネス化が促進されたことを述べる。次に自動車再資源化の現状を，先行研究を紐解くことにより解説する。その上で自動車の再資源化を衣類の再資源化と比較し，法制度の意義や問題点を明確にする。

7.2 環境対策ビジネスと法制度

7.2.1 環境対策に関する国際的な動向

　反復するが，環境対策・保全に関するビジネスは，自然環境で発生する社会的費用の私的費用化である[4]。自然環境市場で発生する社会的費用とは，具体的には，企業の生産活動や生産拠点の損壊等により生じた環境汚染や破壊等の被害を補完する費用である。我が国では公害が社会的問題となった1970年代より，企業は自らが生じる社会的費用に責任を感じ，その私的費用化を継続的に検討し実施している。企業の経営行動を後押ししているのは，環境配慮を有した経営哲学もあるが，市場交換時に生じた外部性を市場化することを是とする社会規範でもある。社会規範は時代に呼応して形成される。

　まずは，企業が社会的費用を私的費用化する構造変化の背景を，地球環境問題に関する国際的な動向より確認してみよう。環境問題が国際的な問題であると認識されたのは，1972年に国連人間環境会議（ストックホルム会議）が開催されたことに起因する。1987年には「持続可能な開発」という考え方が，ブルントラント委員会最終報告書において提示された。これは1992年のリオデジャネイロ宣言[5]，2002年のヨハネスブルグサミット実施計画，ヨハネスブルグ宣言等へと継承される。2005年に発効した京都議定書は，1997年に気候変動枠組条約の第3回締約国会議で採択されたものである。2007年にインドネシアのバリ島で開催されたCOP13ではバリ行動計画が採択され，2013年以降の行動の内容について，すべての締約国が参加して2009年のCOP15までに合意を得ることが決定された[6]。

4　社会的費用の私的費用化については粟屋（2012c）に詳しい。
5　環境と開発に関する国際連合会議（一般的に，地球サミットと呼ばれる会議）で採択された環境と開発に関する宣言である。
6　環境省（2011）p.43

2015 年 9 月に国連が取りまとめた「持続可能な開発のための 2030 アジェンダ」には，持続可能な開発目標のターゲットとして「2030 年までに，世界の消費と生産における資源効率を漸進的に改善させ…（中略）…経済成長と環境悪化の分断を図る」，「2030 年までに天然資源の持続可能な管理及び効率的な利用を達成する」，そして「2030 年までに，廃棄物の発生防止，削減，再生利用及び再利用により，廃棄物の発生を大幅に削減する」等が掲げられている[7]。

その 2 か月後の 2015 年 11 月に，フランス・パリで開催された COP21 では，国際条約として初めて「世界的な平均気温上昇を産業革命以前に比べて 2 ℃より十分低く保つとともに，1.5 ℃に抑える努力を追求すること」や「今世紀後半の温室効果ガスの人為的な排出と吸収の均衡」を掲げたほか，附属書 I 国（いわゆる先進国）と非附属書 I 国（いわゆる途上国）という附属書に基づく固定された二分論を超えたすべての国の参加，5 年ごとに貢献（nationally determined contribution）を提出・更新する仕組み，適応計画プロセスや行動の実施等が規定された[8]。

このように，国際的にも環境対策の必要性は認識され，企業の生産活動による負の領域の対策が注目されている。その結果，社会は企業に対し環境に配慮した経営行動の推進を要求し続けることになる。そのための社会制度設計や，企業の経済性と社会性の両立を可能にするビジネスモデルの構築[9]など，社会全体でのシステム変革が進んでいる。

7.2.2　我が国の環境対策と環境ビジネス

本章で考察対象とする 2002 年に制定，2005 年に施行された自動車リサイクル法は，日本の環境政策の根幹を定めた環境基本法（1993 年）が基軸となり制定された循環型社会形成推進基本法（2000 年公布，2001 年完全施行）のひとつである。

7　環境省（2017）p.86
8　同上 p.4
9　Porter & Van der Linde（1995）は，資源生産性の視点から環境改善を考えるならば，環境改善と企業の競争力は両立しうると述べる。Porter & Van der Linde の理論を援用し，環境ビジネスによる競争優位を確保し市場形成した事例については，粟屋（2012b）を参照のこと。

第7章　市場創造と法制度

　そもそも「循環型社会」とは，

①廃棄物等の発生抑制

②循環資源の循環的な利用及び

③適正な処分が確保されることによって，天然資源の消費を抑制し，環境
　への負荷ができる限り低減される社会

と定義されている[10]。廃棄物とは，「有価・無価を問わず「廃棄物等」とし，
廃棄物等のうち有用なものを「循環資源」と位置付けられており，「その循
環的な利用を促進」すると述べられている。

　これらを経済・経営的見地から解釈すれば，企業は

①製造時・使用後のバッズを抑制できる製造を行い，

②結果的にバッズとなったものは，その中にある循環可能な資源を財とし
　て発見し，グッズとして利用する，つまり市場化すること

である。また

③上記①②のすべてにより外部性の排出を低減すること

等を意味しよう。

　つまり循環型社会は企業に製造時の廃棄物の排出や，製造物そのものから
生じる廃棄物に対し規制を加えているが，他方で新たなビジネスチャンスを
提供しているのである。その証左として，環境対策や保護に関する法制度が
形成されるに伴い，環境ビジネス市場も成長している。環境省のデータ「日
本の循環型社会ビジネス市場規模」によれば，2000年には33兆996億円
だった循環型社会ビジネス市場が，2008年には43兆8,213億円に拡大して
いる。雇用者数も2000年には61万9,367人であったが，2008年には94万
1,552人に増大している（図表7-1参照）。

　当該データにより環境を取り巻く社会制度の変化は，企業の市場創造・ビ
ジネス創造のチャンスを生じていることを示している。

　本書で繰り返し述べてきたように，企業が競争優位を獲得するには，社会
変化を早期に察知し，ビジネス機会を認識し，即座にビジネス化を意思決定

10　環境省ホームページ　http://www.env.go.jp/recycle/circul/kihonho/gaiyo.html　（2017年8月6日
　　確認）

図表 7-1　日本の循環型社会ビジネス市場規模

	機器・プラント供給	サービス提供	資材供給・最終消費財供給	
ビジネス例	・中間処理プラント ・溶融施設 ・RDF 製造／利用施設 ・プラ油化施設 ・生ごみ堆肥施設 ・プラント建設 ・最終処分場建設	・廃棄物処理 ・資源回収 ・リサイクル	・プラ再生油・PET 再生繊維 ・間伐材利用製品 ・リサイクル製品（鉄スクラップ等） ・再生品利用製品（再生紙等） ・詰替型製品 ・機械，家具修理 ・住宅リフォーム，修繕 ・リース，レンタル	
市場規模・雇用規模	・装置及び汚染防止用資材製造（廃棄物関係） ・建設及び機器の備え付け（廃棄物関係）	・サービスの提供（廃棄物関係）	・再生素材 ・リペア（修理）	
2000 年 2008 年	8,068 億円 4,629 億円	27,536 億円 30,660 億円	295,392 億円 402,924 億円	330,996 億円 438,213 億円
2000 年 2008 年	1,885 人 6,673 人	200,296 人 287,603 人	417,213 人 647,246 人	619,367 人 941,552 人

【出所】環境省（2011）『平成 22 年環境白書　循環型社会白書／生物多様性白書』p.257

するか否かが大きく左右するため，こうした社会制度の変化，その背景となる社会環境の変化は，企業の経営に大きく影響を与える。

7.2.3　自動車リサイクル制度

　環境省と経済産業省の二省が主務官庁である自動車リサイクル法が成立した背景には，産業廃棄物最終処分場の逼迫と使用済自動車の不法投棄・不適正保管車両の問題がある[11]。

　豊島産廃事件に代表される不法投棄・不適正保管車両問題は，使用済み自動車の発生台数が年間約 500 万台（年間約 400 万台に中古車輸出約 100 万台を含めた数値）と多いことに起因する。また鉄スクラップの市場価格が低

11　環境省ホームページ　http://www.env.go.jp/recycle/car/outline1.html　（2017 年 8 月 6 日確認）

第 7 章　市場創造と法制度

迷したことにより，使用済み自動車を処分する際に逆有償（処理費用の請求現象）問題が起きたことも要因のひとつである。特に ASR の処分コストが上昇した。加えて産業廃棄物最終処分場の容量不足も問題となった。また自動車技術の進歩により，フロン，エアバッグなどの処理，鉛バッテリー，廃油などの特別な対策の必要な有害物質など，環境保全を確保するための手間も要するようになった。使用済自動車は所有者が曖昧であったため，市場化できる部品や鉄非鉄金属は取り外された後，そのまま放置されることもあった。

　こうした背景より，自動車リサイクル法が制定される運びとなる。同法の目的は，①不法投棄・不適正保管車両問題の解決，② ASR の削減，③フロン，エアバッグ等対処に苦慮するものの適正な処理の 3 点である。

　自動車リサイクル法が制定されたことで，自動車購買者，自動車メーカー・輸入業者，関連事業者の責任分担が次のように明確化された。

　自動車購買者は，新車や中古車を購入する際，自動車リサイクル料金を支払い，フロン類，エアバッグ，ASR の完全な処理のための費用を負担する。また使用済後は，自治体に登録された引き取り業者に使用済自動車を受け渡すことになる。

　自動車メーカー・輸入業者は製造者として ASR，エアバッグ類，フロン類の引き取りとリサイクル等が義務付けられた。

　関連事業者は実質的に処理責任を負うこととなった[12]。引取事業者は使用済自動車を引き取り，フロン類を外し，エアバッグ類を回収し，回収業者または解体事業者に引き渡す。フロン類回収業者はフロン類を基準に従って適正に回収し，自動車メーカー・輸入業者が指定した事業者に引き渡す。解体事業者は使用済自動車を基準に従って適正に解体し，自動車メーカー・輸入業者に引き渡す。破砕事業者は解体自動車（廃車ガラ）の破砕（プレス・せん断処理，シュレッディング）を基準に従って適正に行い，ASR を自動車メーカー・輸入業者へ引き渡す[13]。実際には自動車メーカー・輸入業者より

12　関連事業者は，事業体により事業領域が異なる。解体事業のみ，破砕事業のみを行っている企業もあれば，垂直統合し静脈全体を一社で賄う企業もある。ここでは工程順を述べているにすぎない。

99

委託された ASR 処理施設が ASR の有効活用と処理を行う。

リサイクル料金を決定するのは自動車メーカーであり，基準は以下である[14]。軽・小型乗用車（コンパクトカー）は，エアバッグ類 4 個とエアコン有りの場合で 7,000 円から 1 万 6,000 円程度，普通乗用車はエアバッグ類 4 個，エアコン有りで 1 万円から 1 万 8,000 円程度である。前述したがこのリサイクル料金は，ASR，フロン類，エアバッグの 3 品目が対象である。料金の一部は廃車処理の情報管理（情報管理料金）や，リサイクル料金の管理（資金管理料金）にも使われている。リサイクル料金を支払った自動車の購買者は，費用負担を証明するリサイクル券を売却時，もしくは廃車手続きの終了時まで車検証とともに保管することになる。

リサイクル料金と車両の情報管理を行うのは，自動車リサイクル促進センターである[15]。自動車メーカー・輸入業者は製造者責任である主要三品目の適正処理をした後，同財団に報告をし，リサイクルに要した経費を受け取るという流れとなる。

以上の自動車リサイクル法により，自動車の所有時から廃車時までの一元管理がなされ，使用済自動車の回収も容易となったため，所在の不明な自動車の数値が減少した。換言すれば，公道を走行する許可を有している自動車から，廃車手続き後の主要三品目を取り外し処理されるまで，自動車の所有権保有者が明確になったのである（図表 7-2）[16]。

その結果，第 3 章でも述べたように，全国の不法投棄・不適正保管車両は，自動車リサイクル法が実施される前年の 2004 年 9 月末時点で 218,359 台であったが，2017 年 3 月末には 4,833 台と 97.8 ％減少している[17]。ASR

13　経済産業省ホームページ　http://www.meti.go.jp/policy/mono_info_service/mono/automobile/auto-mobile_recycle/about/recycle/recycle.html#q01　（2017 年 8 月 6 日確認）

14　同上

15　第 3 章注 9（p.41）参照のこと。当財団の目的は「本財団は，資源の有効な利用の向上及び環境の保全に資するため，自動車等のリサイクル及び適正処理の促進に関する事業を行い，自動車等ユーザーの便益の確保及び国民経済の健全な発展を図り，もって国民生活の維持，向上に寄与することを目的とする。」である。

16　1 台の使用済自動車につき自動車リサイクル法上の所有権者は一人（＝一社）である。主要三品目と自動車がリンクしてはいるが，自動車は解体され細分化されるため，所有権の実態は分散している。

17　経済産業省ホームページ「産業構造審議会 産業技術環境分科会 廃棄物・リサイクル小委員会 自動車リサイクルワーキンググループ，中央環境審議会 循環型社会部会 自動車リサイクル専門

図表 7-2 自動車の所有権保有者の推移

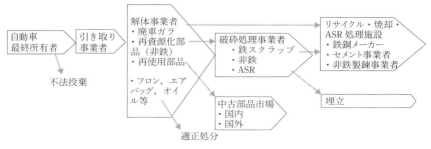

【出所】筆者作成

最終処分量も 2005 年 155,815 トンであったものが，2016 年は 10,660 トンと激減している[18]。自動車リサイクル法の目的は，ほぼ達成されている。

7.3　自動車再資源化ビジネスの現状と先行研究

7.3.1　宇沢の社会的費用論

　企業が社会的費用を私的費用化しビジネス化につなげるためには，その社会的費用が何かを明らかにしなければならない。時代を遡るが，自動車の社会的費用に関する代表的な論者は宇沢（1974）である。

　宇沢は自動車 1 台当たりの負担を求めるべき年間賦課額を約 200 万円としている。その推計費目は，自動車通行が市民の基本的人権を侵害しないよう，道路構造等の改造に必要となる追加的な投資額（援衝緑地帯整備，用地費，建設費等）であり，東京都の場合 24 兆円と見積もる[19]。

　また宇沢は，自動車の社会的費用の試算を試みた結果の金額が，調査主体により相違することを次のようにまとめている[20]。運輸省（1970 年）は 1 台

　　委員会 第 45 回合同会議―配布資料　平成 29 年 9 月 19 日（資料 5　自動車リサイクル法の施行状況）」p.18 を参考にした。　http://www.meti.go.jp/committee/sankoushin/sangyougijutsu/haiki_recycle/car_wg/pdf/045_05_00.pdf（2017 年 9 月 19 日確認）
18　同上 p.5
19　宇沢（1974）pp.165-166。社会的費用を生じるものとして代表的な自動車を見ても，社会的費用の試算は多岐にわたっていることがわかる。したがって，本書では具体的な社会的費用の金額を提示していない。

当たりの限界的社会的費用を 48,314 円としている。その推計費目は，交通安全施設整備費，自動車事故による損失額，交通警察費，交通安全思想普及費，道路混雑の損失である。自動車工業会（1971 年）の計測は 1 台増加当たりの限界的社会的費用を 6,622 円としている。その推計費目には，運輸省の挙げた交通安全施設整備費，交通警察費，交通安全思想普及費は，自動車の増加いかんに無関係として計上されていない。また自動車事故による損失額も，保険の形で自動車利用者が負担しているとして，保険支払い分が除外されている。加えて道路混雑の損失は，自動車利用者自身の損失になっているとして削除している。野村総合研究所（1970 年）は 1 台当たりの限界的社会的費用を 17 万 8,960 円としている。その推計費目は，道路事業費，自動車交通事故による損失額，救急費および交通警察費，交通渋滞による損失費用，排気ガスに伴う費用である。このように調査主体によって社会的費用の項目が異なり，トータルの試算額も異なってくる。

　社会的費用は発生源や発生場所，負担者などが明確でないため，数値化は困難である。その点を承知しても，現代の自動車の社会的費用は宇沢の時代と比較し変化している。1970 年代には自動車の社会的費用は，試算項目として走行時に生じる外部性が主であった。当時は現在では認識されている製造時や解体時にも要する社会的費用が，まだ社会的に認識（問題視）されていなかったからである。このように，社会的費用に対する認識は，時代により変化するため，現在の自動車の社会的費用を試算する際には，製造時，走行時，解体時の外部性を把握し，その外部性に対応する社会的費用を総合して考える必要がある。

　我が国の自動車保有台数（軽自動車を含む）[21] は，1970 年時点で 727 万 573 台，2017 年には 6,135 万台と宇沢が論じた時代と比較し，台数は 8 倍強に増加している。1970 年代と現在の自動車とを社会的費用項目を統一し

20　宇沢（1974）pp.85-99 に基づき記述。宇沢によれば，運輸省（1970）のデータは，石月昭二（「イコール・フッティングについて」『総合流通読本』第 15 巻，1971）より，自動車工業会（1971）のデータは，大石泰彦（「自動車輸送の便益・費用分析」『日経新聞』「やさしい経済学」1971 年 8 月 12-16 日）より，野村総合研究所（1970）のデータは，鈴木克也（「わが国のモータリゼーション」『NRI 研究シリーズ』No.1，1970 年 11 月）を参考にしたものである。

21　一般財団法人自動車検査登録情報協会　ホームページ　https://www.airia.or.jp/publish/statistics/number.html　（2017 年 8 月 24 日確認）

第7章　市場創造と法制度

て試算した場合，自動車メーカーにより，経営活動全体での CO_2 削減や環境対策，事故事前予防等の安全技術開発が行われ，1台当たりの社会的費用は，1970年代より現在のほうが縮小している面もある。しかし，自動車の絶対数は増加しているため，社会全体で生じる社会的費用は，宇沢の試算と比較し，同率の倍数とは言わないまでも，現在では相当増加していることは推察される。

　社会的費用を生じる外部性が多様化するにつれ，目に見えない外部性の被害者，そして費用の負担者も多岐に存在してきた。その負担額も大きくなる。そこで法制度による全体的なコントロールが必要となる。

7.3.2　所有権理論[22]

　第2章でも触れたが，所有権理論とは Coase の取引コスト理論を発端に研究が盛んになった組織の経済学の一理論である。そもそも法制度の必要性は何かを考えてみよう。Coase は社会的費用を検討する際に，ふたつの状況を提示している。ひとつは「企業に責任がある場合で，自らの行動が他者に損害を与えた場合に補償を支払うべきケース」，ふたつ目は「企業にそのような責任が無い場合」である[23]。前者は主体企業，すなわちメーカーが費用を負担する，つまり内部化することであり，すでに制度化されている状態である。後者はメーカーには社会的費用の責任は無い，ということを社会の総意とし，誰かに費用を負担させることである。したがって，社会の期待する誰かにその負担を強いるよう，制度が構築されることとなる。

　菊澤（2006）は，所有権を

①財のある特質を排他的に使用する権利

②財のある特質が生み出す権利をえる権利

③他人にこれらの権利を売る権利

以上3つの権利の束であると述べる。所有権とは，法律の世界ほど厳密でなく，比較的柔軟に使用でき得る概念であるとする[24]。

22　所有権理論については第2章で叙述しているが，本章の理解を深めるために再確認する。

23　Coase（1988，訳1992）p.15

24　菊澤編著（2006）p.14　菊澤は所有権の定義については Eggertsson（1990），Alchain and Demsetz, Barzel（1989）の議論を総括し，述べている。また，石川（2015）p.75は Coase（1960），

103

環境ビジネスにおける所有権理論の位置づけであるが，我々は，交換取引されるのは財それ自体ではなく，菊澤が述べるように財が持つ特定の特質の所有権であると考え，その観点から資源配分の効率性問題を解く理論として捉えている。なぜならば Demsetz（1967）は所有権を，外部性を幅広く内部化することを達成させるためのインセンティブを導くものと述べているからである。

所有権を明確にすることは，外部性の内部化である再資源化ビジネスを推進するに必須の概念であることは本書で述べてきた議論により明らかである。

7.3.3　自動車再資源化市場

我が国では自動車市場が誕生した 1900 年代より，自動車普及と共に解体事業者が自然発生的に生まれ，使用済自動車を活用した有用金属や中古部品，廃車ガラの販売がビジネスとして成立してきた。しかしながら自動車生産台数の増加や鉄スクラップ価格の変動等の外部の変化に伴い，自動車を要因とする環境問題も発生した。安田・外川（2003）が自動車の廃棄に伴う環境問題を解説しているが，具体的には放棄車両問題，解体作業が引き起こす環境問題，シュレッダーダストの問題であり，その解決には自動車リサイクル法が大きな役割を担うことが述べられている。

阿部（2011）は適正処理の観点から，生産者に責任を課した制度の意義を，生産者が廃棄物の占有者としての処理責任を有することで，適正な委託先の選別と監督の実施が可能となることだと指摘している。他方で第 5 章でも述べたが，外川・木村（2008）は，自動車リサイクル法の不足箇所として，自動車メーカーのリサイクル設計が法規制の対象に含まれていないことを指摘していた。その後，メーカーの関与についての検討がなされ，リサイクル設計も含有した制度に変革しつつある。制度がすべてを網羅することや，万人に対して完璧に配慮することは不可能であるが，社会の価値観に適

Alchain（1965），Barzel（1997）の議論を総括し，所有権を①それを利用する権利，②そこから生まれる便益を得る権利，ならびに損失を負担する義務，③それを移転（譲渡）する権利と分類している。

合させながら変化する制度は，生ものであると言えよう。

　阿部（2011）は，自動車リサイクル法の意義や効果を分析したうえで，制度に則らない企業の存在を明らかにしていることにも留意したい。

　自動車リサイクル法が施行され12年が経過した。第4章で検討したように，経済産業省は過去に2回の見直しをしている。同法を基軸とした自動車再資源化システムは，いくつかの課題を抱えながらも，我が国においては機能しているとされている[25]。

7.4　自動車と衣類の再資源化ビジネスの比較

7.4.1　自動車リサイクル法による市場創造

　自動車リサイクル法では，前述したように自動車に関与するプレイヤーの責任領域が定められ，分業体制が成立した。自動車の再資源化を担うプレイヤーは自動車メーカー・輸入業者，引取事業者，解体事業者，破砕事業者をさす。

　こうした制度化により，環境面での同法の目的であった①不法投棄・不適正保管車両問題の解決，②ASRの削減，③フロン，エアバッグ等対処に苦慮するものの適正な処理の対策の一助になると同時に，経済面でも新たな利潤機会が創出されている。これは，分業体制が成立することで，外部性の所有権が社会的に認識され，外部性を内部化する主体が明確になったからである。

　自動車メーカーは主要三品目の処理責務を果たすため，自ら技術開発をすると共に，実際の処理は専門事業者（解体事業者や破砕事業者等）に委託した。自動車リサイクル法が制定される以前は，事業者が付加価値の無いそれらを時に自己負担で処理や廃棄をしていた。三品目の処理や廃棄をリサイクル料金で負担できるようになったことで，使用済自動車の価値は向上した。引取業者は，最終所有者から引き取った使用済自動車を，カーオークションという形で買い手（解体事業者や海外の中古車・中古部品ディーラー等）に

25　自動車リサイクル法は日本国内にのみ適応される。海外に流出する自動車は範疇外である。

販売するビジネスシステムも形成され始めた[26]。標準産業分類では自動車中古部品卸売業に分類される解体事業者，破砕事業者は，主要三品目を適正に処理するのみならず，中古部品などのリユース市場の拡充に加え，マテリアルリサイクル市場への進出を図る企業もでてきている。既存のマテリアルリサイクル事業者は，製鉄，製錬，セメント，樹脂事業などであり，動脈の生産財を製造する企業である。これらの企業は使用済自動車から解体・排出される鉄・非鉄・ASR 等を再び市場化できる技術開発を進めている[27]。

7.4.2　普及する自動車再資源化ビジネス

　自動車再資源化ビジネスは，市場創造という変化の中でどの位置にいるのだろうか。谷本（2006）が提起する「Social Innovation（SI)）」概念を援用し考えてみよう。SI とは，「社会的商品・サービスの開発やそれらを提供する新たな仕組みの創出によって，社会的課題の解決が進むこと」のことである。谷本は，SI のプロセスを，

　①社会的課題の認知

　②ソーシャル・ビジネスの開発

　③市場社会からの支持

　④ビジネスモデルの普及とステークホルダーの変化

の 4 段階に分類する。

　まず①社会的課題の認知であるが，自動車リサイクル法が施行された要因は，所有者の不明な不法投棄車両等の社会的課題の解決のためであるから，その段階は終了している。

　次に②ソーシャル・ビジネスの開発についてであるが，ソーシャル・ビジネスとは，「地域社会の課題解決に向けて，住民，NPO，企業など，様々な主体が協力しながらビジネスの手法を活用して取り組む」ものとされている[28]。ソーシャル・ビジネスの文言が一般化される以前より，使用済自動車

---

[26]　販売業者の中古車オークションビジネスについては，本書では詳細には扱わず，別の機会に論じる。

[27]　マテリアルリサイクル事業者の市場創造は，セメント事業に焦点を絞り，第 9 章で詳述する。

[28]　経済産業省ホームページ　http://www.meti.go.jp/policy/local_economy/sbcb/　（2017 年 8 月 24 日確認）

第 7 章　市場創造と法制度

を解体することによる有用金属や中古部品，廃車ガラの販売は行われていた。こうしたビジネスをソーシャル・ビジネスと称呼するか否かは議論の余地もあるが，少なくとも地域社会の使用済自動車に関わる課題解決に寄与するビジネスシステムは，万全でないにしても，すでに構築されていたといえよう。

　続いて③市場社会からの支持であるが，これは自動車リサイクル法の施行自体が，社会的な支持を示すことになる。使用済自動車の再資源化を体系的に行う必要性を社会が求めていたということである。

　このように社会的認知度はあり，市場社会からも支持されていると推測されることより，④ビジネスモデルの普及とステークホルダーの変化の段階にあるといえよう。ビジネスモデルの普及については，現在は，既存の自動車再資源化ビジネスをより広範化し高質化するモデルの形成途中にある。具体的には社会面では外部性の明確化と内部化であり，経営面では社会的費用の私的費用化である。ステークホルダーの変化は，自動車リサイクル制度に伴って所有権と責任が明文化されたことで，自動車メーカー，関連事業者，購買者がそれぞれ責務を担うという変化はもちろんのこと，自動車メーカーと関連事業者との関係も接近するという変化がある。

7.4.3　衣類の再資源化ビジネス

　自動車の再資源化ビジネスを，衣類のそれと比較して考察をする。衣類の再資源化は法制度化されていないことも一因として，ビジネス化が難しいことは前述した。衣類の再資源化はいくつかの企業が使用済衣類を適宜回収してはいるが，未だ①社会的課題の認知の段階にある。大倉（2012）によると，回収された衣料品のうち，約10万トンがリサイクルされており，衣料品のリサイクル率（再利用された衣料品を除く）は約11％である[29]。自動

29　大倉（2012）p.12　大倉は，繊維製品の廃棄物は，年間約200万トン排出されており，その内訳は一般廃棄物が約164万トン（約82％）である一方，産業廃棄物が約36万トン（約18％）であり，このうち衣料品が約半分（約94万トン）を占めるという（大松沢明宏（2006）「繊維製品のリサイクル技術の動向」『繊維トレンド』No.57, pp.48-52）。これに対して衣料品の廃棄物の総回収量は約24万トンで，全体の約26％が回収されていることになる（中小企業基盤整備機構（2010）「繊維製品3R関連調査事業報告書」）。

107

車のリサイクル率 99 ％とは比較にならない。なお大倉の数値は，輸入品も含まれているため，日本化学繊維協会が提供している資料と数値が異なる。

繊維・衣類業界の流通構造は消費者の国内外の消費，生地からの製造，消費者による自主的リユース等複雑であり，そもそもの生産量の把握も困難である。使用後の動向も，一般廃棄物としての廃棄やアパレル産業による回収，リユースなど多岐にわたり，回収量の把握を一層難しくさせている。化学繊維に限れば，回収して繊維企業に持ち込まれたものはリサイクル率が2001 年 93 ％，2008 年 96 ％と高く[30]，回収ができれば再資源化は確実である。しかしながら衣類の生地は，化学繊維以外に綿やウールまた混紡素材もあり，製品の特性も関与して総量の正確な数字の把握は困難である。

使用済自動車は新車購入時にリサイクル料金の支払いが義務付けられており，自動車リサイクル促進センターが情報化し，資金と共に管理していることにより，流通量の把握が比較的容易であった。衣類に関してはこうした制度がなく，流通量の把握もままならないのである。

7.4.4　法制度の有無による相違

粟屋（2014）は衣類の再資源化ビジネスの課題として以下の 4 点を抽出した。まずは，再資源化するための回収量の確保である。再資源化を効率的に行うためには規模の経済を成立させることが求められる。

次に企業間連携である。一社のみで再資源化を完結することは不可能であるため，繊維企業，デザイン・縫製，販売と複数業態・企業との連携が必要となる。そのために企業間をコントロールするリーダー的存在も必要である。

3 点目は，元の姿に再資源化できる技術である。再資源化の理想は元の姿に戻し，同じものに作り替えることである。化学繊維はケミカルリサイクルにより，繊維原料に再生される。綿はエタノールとなる。マテリアルリサイクル，サーマルリサイクルなども含め，技術開発は進んでいる。しかしながら，リサイクルに適したユニフォーム等であれば容易ではあるが，ファッ

30　日本化学繊維協会ホームページ　「繊維製品リサイクルへの対応」　http://www.jcfa.gr.jp/about/environment/recycle.html　（2017 年 9 月 23 日確認）

第7章　市場創造と法制度

ション性の高いものや混紡財は今後の技術開発が期待される。

　4点目の課題は，社会の価値観の醸成である。衣類に関する社会の価値観
は，リサイクル志向よりはファッション性が重視される。したがって再資源
化に取り組む企業は，社会の価値観をいかに味方につけるかが課題とな
る[31]。

　ここで衣類の再資源化ビジネスの課題と自動車のそれを比較してみよう。
まずは，再資源化するための回収量の確保であるが，回収率が26％にとど
まる衣類に比べて，自動車はリサイクル料金を回収することにより所有権が
明確になり使用済自動車に至るまで管理が徹底する，したがって前述したよ
うに99％の回収量であり，全体的にみれば規模の経済を効かせることが可
能である。

　次に，企業間連携であるが，これは外部性を収集し，その所有権を分散さ
せるために移転先を確保するという意味を持つ。これが再資源化市場での川
上，川中，川下になる。衣類も自動車も製造時の段階が多く複雑であること
は同じである。衣類業界には法制度による強制力が存在しないことで，自主
的に特に回収のための連携を創造することが求められる[32]。

　自動車では，法制度化によりASR，フロン，エアバッグは自動車メー
カー・輸入業者に処理責任が課された。そこで自動車メーカーは，それらを
回収し適正処理をする実務を，解体事業者等の専門企業に委託することにな
る。よって自動車メーカーと解体事業・ASR処理事業者等との関係が構築
され始めた。また自動車の再資源化の工程がほぼ決まっているため，工程間
の事業間連携はビジネスとして必須であり，すでに機能している。ただこの
連携に定型はない。各企業が地域性，企業規模等の環境に応じて連携をとっ
ている。そうはいえ使用済自動車の三品目以外は，解体事業者，破砕事業
者，リサイクル事業者が自主的に再資源化を行っている。自動車リサイクル
法は自動車の再資源化のすべてにおいて連携を促しているわけではなく，一
部である。

31　衣類の再資源化については，多様な取り組みが行われ始めている。リユースに関してはフリマ
　　アプリ「メルカリ」等の普及により，以前より活性化している。
32　例えば，アウトドアスポーツブランドのパタゴニアは回収した自社製品の再資源化を，繊維事
　　業者に委託し，再資源化している。

109

また衣類の再資源化ビジネスの課題として，企業間連携におけるリーダー的存在の企業の必要性がある。衣類は再資源化市場の創造途中であるため，音頭をとるリーダーが必要である[33]。他方で自動車の再資源化は，製造時にリーダーとなる自動車メーカーの存在は，使用部品や素材の提供者であるという意味で大きいが，実際にリサイクルに取り組んでいるのは，解体事業者，破砕事業者，リサイクル事業者である。コンソーシアムを組んでのリサイクルフローは形成されているが，特にリーダー企業は不在であると思われる。

　3点目は元の姿へのリサイクルである。換言すれば外部性や所有権の相殺である。衣類では化学繊維がそれを可能としている。自動車の再資源化においても個別企業間で技術開発の最中である。現実的には現在の技術では総合的なカー to カーのリサイクルはできていない。技術は法制度では補填できないが，関連する検討会では使用済自動車由来再生プラスチック利用を増加させていく等，元の姿に戻る再資源化に向かいつつある。

　4点目の課題として，再資源化を促進する社会の価値観の醸成であるが，ここでいう再資源化は使用済自動車を再資源化することと，再資源化された素材を使っての自動車の再生というふたつの意味合いがある。後者は3点目の課題で述べたように技術開発を必要とするものである。前者は社会的価値観というよりも社会的に大きな問題（不法投棄・不適正保管車両問題）となり，所有権を放棄することを善しとしない価値観によって成立が可能になる。

　衣類と自動車の再資源化市場の比較を行ったが，法制度の役割は小さいとは言えない。なぜならば法制度により外部性の所有権を規定できるため，外部性の収集が容易になるからである。収集の容易さは，その後のビジネス・フローの効率性に大きく寄与する。他方で使用済衣類は，廃棄する（所有権を放棄する）際に，個人としては多少の精神的苦痛を感じるであろうが，廃棄物となるものの嵩や重量が自動車ほど大きくないため，社会的な課題として認識されづらい。よって法制度化には至っていないようである。他方で，

---

[33] リーダー的存在の企業としては消費者との接点のあるアパレルや，日本環境設計㈱などの再資源化技術を有する事業者がある。

自動車は，制度化以前の自動車による環境破壊は豊島問題に代表されるように大規模であった。したがって所有権を放棄された膨大な使用済自動車やASR を，国策として管理せざるを得ない状態に至ったのである。

7.4.5　制度化の是非

　自動車が衣類と比較して，使用済後の収集や再資源化が進み，使用済み製品全体の発生量も数値で把握できることは確認された。しかしながら法制度にも限界があり不具合がある。

　例えば，自動車リサイクル法は主要三品目のみを対象としていることで，既存のリサイクル企業の再資源化を活性化させた点は評価できるが，法制度があることで再資源化技術が発展しない側面もある。なぜならば，所有者以外が再資源化に適切な技術開発に成功しても，その技術が所有者に移管されない限り，その活用が困難となるからである。

　また海外に流出する自動車については，同制度はノータッチである。現在の我が国の自動車リサイクル法では，国を跨ぐと所有権を把握することができず，使用済自動車の処理は野放しになってしまうのである。

　法制度に則らない企業が存在することも事実であり，管理の網から逃れ，使用済自動車の所有権が不明になる，あるいは曖昧になる例もある。愚直に法令遵守に務める企業にとっては，報われない思いにかられることもある。

　このように法制度は大きな社会的課題を解決するに必要ではあるが，個別の社会的課題の解決につながらないこともあるし，新たな問題を生じることもある。よって，法制度化が存在しなくても，廃棄物を抑制し，循環させる社会システムが自然と構築されることが，期待される社会像であろう。米国では，我が国の「車検」と呼ばれる「自動車検査登録制度」はもとより，自動車リサイクル法も存在しない。すべて市場の需要と供給に任されている。もちろん国土面積の相違や消費者の自動車の扱い方の差もあるため，一概に比較はできないし，米国で使用済自動車が 100 ％循環利用されているわけではない。外部性の需要が存在するか，もしくは外部性の所有権保有者を社会的に明確化し，周知し，責任を担うことが市場で賄えるのであれば，法制度は不要である。

そうはいえ，現実には自然発生的な所有権の振り分けは難しい。したがって社会的価値観の変革の時は，外部性の最大値を縮小させる法制度を用い，社会全体のバランスをとることとなる。

7.5 まとめ

本章では自動車再資源化ビジネスの促進に対し，自動車リサイクル法がいかに貢献したかを，国際的な位置付けや市場創造過程を考察した上で，衣類の再資源化ビジネスと比較し，検討を行った。

本章の結論は，規模の経済を必要とする再資源化ビジネスにおいては，回収の容易さと，その徹底の点で法制度化の貢献は大きいということである。法制度により役割分担がなされたことで，外部性の所有権が明確になり，誰が管理するかが一目瞭然となった。よって，企業が外部性の内部化（社会的費用の私的費用化）を行うことが容易になったのである。ここに法制度の意義がある。

しかし，最後に述べたように，法制度の存在が社会的課題を 100 ％解決するわけではなく，どこかで新たな市場の失敗が生じている。これらについての考察は，自動車再資源化市場のフローや各企業の経営戦略との関係に言及しながら別の機会に行うこととする。

＊本章は，粟屋仁美（2015）「自動車リサイクルビジネスと社会制度」『敬愛大学研究論集』第 88 号，pp. 3-23 を基にし，大幅に加筆修正している。

【参考文献】

Coase, R. H.（1988）*The Firm, The Market, and The Law*, University of Chicago Press.（宮沢健一・後藤　晃・藤垣芳文訳（1992）『企業・市場・法』東洋経済新報社）

Demsetz, H.（1967）"Toward a Theory of Property Rights." *American Economic Review* Vol.57, No.2, pp.347-359.

Porter, M. E. & Van der Linde, C.（1995）"Green and Competitive: Ending the Statement," *Harvard Business Review*, Vol.73, No.5, pp.120-134. 編集部訳（2011）「［新訳］環境，イノベーション，競争優位」『DIAMOND ハーバード・ビジネス・レビュー』第 36 巻第 6 号，pp.130-150）

阿部　新（2011）「拡大生産者責任と廃棄物処理行動：自動車リサイクルを事例とした制度比較」『研究論叢（第 1 部）人文科学・社会科学』第 61 号，山口大学教育学部，pp.1 – 14。

粟屋仁美（2012a）「社会的課題を解決する市場の創造―コストと戦略―」『経営哲学』第 9 巻第 1 号，経営哲学学会，pp.98-102。

粟屋仁美（2012b）「企業間連携による事業形成・事業戦略の一考察―外部性の内部化と所有権理論の観点より―」『比治山大学短期大学部紀要』第 47 号，pp.23-30。

粟屋仁美（2012c）『CSR と市場―市場機能における CSR の意義―』立教大学出版会。

粟屋仁美（2014）「社会的課題の事業化の判断基準―衣類リサイクルシステムの事例より―」『比治山大学短期大学部紀要』第 49 号，pp.15-28。

石川伊吹（2015））「『ダイナミック・ケイパビリティ』論のミクロ的展開と今後の分析的方向性：所有権理論とオーストリア学派の企業家論からのアプローチ」『経営哲学』第 12 巻第 1 号，経営哲学学会，pp.73-77。

宇沢弘文（1974）『自動車の社会的費用』岩波書店。

大倉邦夫（2012）「社会的協働における組織間学習のプロセス：繊維産業におけるリサイクル事業の事例を通して」『人文社会論叢 . 社会科学篇』第 28 号，弘前大学人文学部，pp.1-24。

菊澤研宗編著（2006）『業界分析 組織の経済学―新制度派経済学の応用―』中央経済社。

谷本寛治（2006）『ソーシャル・エンタープライズ』中央経済社 。

中小企業基盤整備機構（2010）「繊維製品 3R 関連調査事業報告書」。

外川健一・木村眞実（2008）「リサイクルしやすいクルマの開発は進んでいるのだろうか？―自動車の「リサイクル設計」に関する一考察―」『廃棄物学会論文誌』第 19 巻第 2 号，廃棄物資源循環学会，pp.155-159。

安田八十五・外川健一（2003）『岩波講座 環境経済・政策学第 7 巻循環型社会の制度と政策』第 5 章，岩波書店。

環境省（2011）『平成 22 年版　環境白書　循環型社会白書 / 生物多様性白書』
環境省（2017）『平成 28 年版　環境白書　循環型社会 / 生物多様性白書』
環境省ホームページ
　http://www.env.go.jp/recycle/circul/kihonho/gaiyo.html（2017 年 8 月 6 日確認）
　http://www.env.go.jp/recycle/car/outline1.html（2017 年 8 月 6 日確認）
経済産業省ホームページ
　http://www.meti.go.jp/policy/mono_info_service/mono/automobile/automobile_recycle/about/recycle/recycle.html#q01（2017 年 8 月 6 日確認）
　http://www.meti.go.jp/policy/local_economy/sbcb/（2017 年 8 月 24 日確認）

「産業構造審議会 産業技術環境分科会 廃棄物・リサイクル小委員会 自動車リサイクルワーキンググループ，中央環境審議会 循環型社会部会 自動車リサイクル専門委員会 第45回合同会議―配布資料　平成29年9月19日（資料5　自動車リサイクル法の施行状況）」
http://www.meti.go.jp/committee/sankoushin/sangyougijutsu/haiki_recycle/car_wg/pdf/045_05_00.pdf（2017年9月19日確認）　前掲 p.5
一般財団法人 自動車検査登録情報協会ホームページ
https://www.airia.or.jp/publish/statistics/number.html（2017年8月24日確認）
日本化学繊維協会ホームページ「繊維製品リサイクルへの対応」
http://www.jcfa.gr.jp/about/environment/recycle.html（2017年9月23日確認）

	自動車解体事業の戦略
第8章	——静脈のスタート地点——

使用済自動車の再資源化の第一歩は，解体である。もちろん自動車リサイクル法で義務付けられているフロンガスを抜き，エアバッグを取り外すことも含まれる。この解体は手解体もあれば，解体重機を使った手法もある。解体事業者の事業内容は千差万別なので，それにより解体手法も相違する。また解体手法の相違は，その後の破砕やリサイクルにも大きく関与する。このように解体事業は再資源化を進める上で非常に重要でありながら，国内の自動車販売数の減少により，事業継続上の課題は大きい。外部・内部の機会と脅威を把握しつつ，環境変化に適応することが必要である。

そのひとつに海外展開があるが，事業遂行には，解体事業者の企業規模，ケイパビリティ，そして現地の制度・文化・歴史なども関与するため，慎重な事前調査と意思決定が求められる。

8.1 本章の目的

本書では自動車産業の静脈市場のフローの全体把握をし，いくつかの側面から機能や意義，課題の抽出を行ってきた。本章では特にフロー内の川上を担う自動車解体事業者に特化し，中小企業の多い解体事業を戦略面から整理し，企業が永続するための課題を提起することを目的とする。

膨大な自動車産業から生み出される消費後の使用済自動車は，時に適正に廃棄されず市場の失敗となり，環境汚染，地球資源の枯渇，都市鉱山の放置等の社会的課題を生み出す。産業の規模が大きいだけに，そのボリュームも大きい。

このような社会的課題を解決するのは，法制度による社会の統制と，自動車産業の静脈領域を担う企業群である[1]。ところが静脈産業の社会的認知度は低いとされている[2]。自動車の静脈市場は，収集→解体→リユース，もしくは，収集→解体→破砕→リサイクル，といったフローで成り立っており，川上部を担う解体事業者は中小零細企業が多く，交渉力が弱い[3]。

1　粟屋（2016a）
2　外川（2015）
3　平岩（2005）

115

解体事業者を取り巻く経営環境は，国内使用済自動車数の減少，リデュースの促進，動脈からの垂直統合の脅威などがあり[4]，社会の永続性に貢献しながら自らの永続性は担保されないという矛盾がある。ここに本書の問題意識がある。

そこで本章では，戦略論の視点から分析を行う。戦略論の種類は，競争戦略論（ポジショニング），資源ベース理論（蓄積された資源や能力），ゲーム論（他者との兼ね合い）など多数あり，昨今ではダイナミック・ケイパビリティ論など資源を総合的に捉え，外部環境に動態的に対応する理論が最先端と言われている。本章では，まずは自動車解体事業の基礎的な把握を必要と考えるため，企業が直面している本質的な問題を精査したい。そこで戦略論の基本である，製品―市場マトリックスを用いて外部環境の変化に着目し，その後 SWOT 分析を活用して自動車解体事業者の事業展開を考察する。日本製中古自動車が海外に多く流出していることに着眼し，海外戦略の可能性についても検討する。

8.2　先行研究の確認

8.2.1　自動車解体事業者

自動車再資源化ビジネスの川上に，使用済自動車を収集し解体する自動車解体事業者がある。本節ではこれらの事業者についての先行研究を確認する。

静脈ビジネスの川上を担う解体事業者は，日本標準産業分類では自動車中古部品卸売業と，鉄スクラップ卸売業に分類される。前者は自動車の中古部品を卸売する事業所であり，後者は鉄スクラップを集荷，選別して卸売する事業所である[5]。規模や内容，設立の経緯などは千差万別であり，企業組織やビジネス内容などの一律の分析は概して困難とされる。

平岩（2005）は解体事業者の組織は，事業規模によって大きな格差があり，業界全体でみると規模の経済を十分に享受できていないと述べる。また

4　粟屋（2016b）
5　木村（2016）に詳しい。

116

動脈では垂直的な系列関係は形成されているが，静脈では市場を介した取引が支配的であること，解体業は川上側のディーラーや整備業者，川下側のシュレッダー業者に対し価格交渉力が弱いこと，自動車解体業が垂直的統合など産業構造の変化も見受けられることを指摘する[6]。

中谷（2006）は，そのように立場の弱い解体事業者のビジネスの成功の鍵として，原材料としての使用済自動車を集めるルートの確保を挙げる。現状は適正業者同士による使用済自動車の取り合いがあり，すべての企業がフル稼働したら，国内で流通する使用済自動車の合計を上回ると指摘する[7]。また中谷（2010）は成功している解体事業者の共通項として，企業内の戦略的方向性を共有していることをあげる。自動車解体業における資源は，模倣困難であるケイパビリティであり，人的資源と仕入れルートであると述べる[8]。

外川（2008）は，自動車解体業について多種多様な営業努力をしながらも，使用済自動車の確保が最大の課題であることや，変動する鉄スクラップ価格の影響が大きいことなどを現状分析し課題を提示している。加えて外川は，自動車リサイクル法が成立されるまで自動車解体業が産業として認められていなかったことを指摘している。同法成立後には自動車解体事業者の調査が日本 ELV リサイクル機構（2007)により行われており，外川は，当該調査結果は貴重なデータであり意義深いと述べる[9]。

木村（2016）は解体事業者の財務分析を行い，鉄スクラップ市況が下落するという厳しい環境下であっても，中古部品販売に注力する解体事業者は，鉄スクラップ市況の変化に対応ができていたことを明らかにしている。リサイクルとリユースの両輪が解体事業者の強みであることが，木村により明らかになった。

また阿部・平岩（2014）は，日本政府が静脈産業の海外展開を支援する動きがあること，自動車のリサイクル企業が中古部品の流通を目的として現

6　平岩（2005）
7　中谷（2006）p.59
8　中谷（2010）
9　外川（2008）　その後 2014 年に矢野経済研究所が自動車リサイクル法における許可を受けた解体事業者へアンケートを行っている。回答数は 1,007 件，回答率 30.5 ％である。

地拠点を設けているが，その正確な数値は把握できないことを述べている。日本の中古車が大量に輸出されていることに対しては，廃棄後の問題について道義的責任はあるが，生産者や輸出国の責任は，現段階では無い[10]とする。

8.2.2　中小企業の戦略

　海外戦略については Ghemawat（2007）の AAA 理論[11]や，Dunning（1977）の OLI パラダイム[12]などがあるが，それらの理論の多くは大企業を対象とした多国籍企業である。自動車解体業を担う企業の多くは中小零細企業であるため，ここでは中小企業独自の戦略についての先行研究を確認する。

　西岡（2012）は，中小企業の強み，換言すればイノベーションを生む中小企業の条件として固有的資源としての中核技術への資源集中，マーケティング志向の強さ，イノベーション創出に向けた経営者の強い意志の存在の3点を挙げる。

　粟屋（2013）は，中小企業に必要なのは他者と連携する戦略であることより，大企業のターゲットではない小さな環境ビジネスを発見し，発展途上である環境ビジネスの新たな形態を開発すれば，下請けから元請けへ転換できる可能性もあると述べる。

　井上（2016）はオープン・イノベーションを，「研究開発等の上流部分における連携だけでなく，販売等の下流部分における連携も含めた事業化まで見通したイノベーションの仕組みを構築すること」と定義し，企業間連携が中小企業の戦略として有効であると述べる[13]。

　こうした中小企業の戦略の成否の要因の鍵は，大企業と比較し裁量の大き

10　海外に輸出される使用済自動車の再資源化に対する生産メーカーの対応や責任については，本書では取り扱わず，また別の機会に論じる。

11　Ghemawat（2007）はグローバル戦略には Adaptation（適応），Aggregation（集約），Arbitrage（差異）の3点に留意が必要としている。

12　OLI パラダイムは，1977 年に Dunning によって提示され，その後，著者及び協力者により発展している。例えば Dunning & Lundan（2008）は企業が海外直接投資を行う際には，Ownership-Specific-Advantage（所有優位性），Internalization-Advantage（内部化優位性），Location-Specific-Advantage（立地優位性）の3つの優位性が必要であると主張している。

13　また井上（2011）は，中小企業におけるそれぞれの留意点を，企業戦略レベルは創業者・経営者の強烈なビジネス意欲が成長への引き金になるとする。事業戦略レベルでは，単一事業への集中，機能別戦略レベルでは不足する技術やノウハウ，経営資源をいかに補強するかに戦略的関心があるとする。

い経営者の意志であり，経営者には自社のコアコンピタンスを活かせる領域にドメイン設定することが期待される。自社の経営資源，連携による弱点の補完，それらの活用によるイノベーションの創出が中小企業の継続に寄与する。

　自動車解体業を継続させるためには，海外展開も視野に入る。義永（2014）は一般的な企業の海外進出の要因として，次の4点を掲げている。

　①現地の製品需要が旺盛または今後の需要が見込まれること
　②納入先を含む他の日系企業の進出実績があること
　③進出先近隣三国で製品需要が旺盛または今後の拡大が見込まれること
　④良質で安価な労働力が確保できること

　同時に海外展開のリスクとして，為替レートや相手国の政情による不安や変化があり，海外展開の問題点としては，外国人従業員の教育や労務管理，現地の規制や会計制度への対応，現地の管理者不足を指摘している。海外進出後には撤退を余儀なくされる企業も少なくはないが，撤退の選択要因としては外的要因と内的要因があるとする。外的要因は，経済情勢の変化，現地での競争環境の変化や賃貸店舗オーナーの経営方針の変化である。また内的要因は，現地に運営を委任しすぎた点，パートナー間での方針の相違，マーケティング・ミックス（製品や価格，流通チャネル，プロモーション）の不適合などがあるとする。海外進出には，進出のリスクや撤退の条件等も踏まえた綿密な計画の策定が必要であることを指摘している[14]。

　市場の拡大を図るには海外進出が非常に魅力的ではあるが，リスクも伴う。我が国の自動車解体事業者の海外投資は始まったばかりで，海外進出している企業はもちろん研究も数えるほどしかない。本章ではそうした海外戦略も含有した自動車解体業の戦略について，事例を挙げて考察する。

14　義永（2014）

8.3 自動車解体事業の現状

8.3.1 自動車解体事業者の概要

　我が国の使用済自動車の再資源化と処理は，前述したように自動車リサイクル法を基軸に構築されている。自動車リサイクル法により，消費者は自動車を購入する際にリサイクル料金を負担する。これにより，自動車の所有者が明確になる。廃棄後の使用済自動車は，同法で定められたエアバッグ，フロンガス，ASR の適正処理がなされる。

　自動車再資源化ビジネスもまた，同法を基軸として行われている。具体的には自動車解体事業者は解体した中古部品を，多種多様な消費者のいる市場に提供する。もしくは廃車ガラとして破砕事業者に販売する。破砕事業者は鉄を鉄鋼事業者へ販売し，非鉄はそれを扱う製錬事業者やセメント事業者に販売する。川下である鉄鋼事業者，製錬事業者，セメント事業者は，素材を商品化し動脈市場に提供する。

　本章で述べる使用済自動車の解体事業は，自治体の登録許可制であり，2017 年度現在，約 5,000 社程度存在する。自動車解体業の産業分類は卸売業であり，自動車中古部品卸売業また鉄スクラップ卸売業を担う。使用済自動車の仕入れ価格は解体後の破砕業者への引き渡し価格（鉄スクラップ市況）により設定される。解体事業者は使用済自動車の引き取り報告をして 120 日以内に，破砕業者へ受け渡すルールがある[15]。

　矢野経済研究所（2014）の調査データ[16] によると，解体事業者の組織形態は株式会社 33 %，有限会社 37 %，個人事業 29 %，その他 1 %である。資本金規模は株式会社では，1,000 万円未満が 66 社，1,000 万円が 96 社，

15　公益財団法人自動車リサイクル促進センターが管理している。　https://www.jarc.or.jp/（2017年 10 月 1 日確認）

16　矢野経済研究所が行った「平成 25 年度中小企業支援調査（自動車リサイクルに係る解体業者に対する経営実態等調査事業）−使用済自動車の解体業者の経営実態に係る調査−」（2014）である。アンケート対象は，自動車リサイクル法における許可を受けた解体事業者であり，特に2012 年度にて解体工程の引取実績のあった事業者（複数の事業所を保有する事業者は事業者宛に送付）である。アンケート期間は 2013 年 11 月 8 日―2014 年 1 月 17 日，アンケート発送数は3,301 件，回収数は 1,007 件であり，回答率は 30.5 %と高い。アンケート内容は，企業概要，経営の概況，許可等の取得状況，設備・資産等の保有状況，使用済自動車の解体の概況，解体部品等の引渡の概況等である。　http://www.meti.go.jp/policy/mono_info.../kaitaichousa.pdf（2017 年 10月 1 日確認）

120

図表8-1　解体事業者の展開事業状況

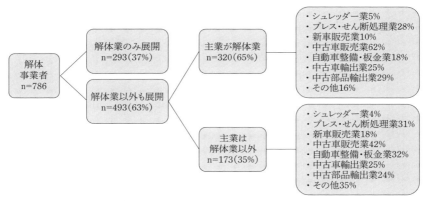

【出所】矢野経済研究所（2014）の資料より筆者作成

5,000万円未満が60社，5,000万円以上が35社である。有限会社では300万円未満が2社，300万円が172社，1,000万円未満が92社，1,000万円以上が39社である。述べてきたように中小零細企業がほとんどである[17]。

創業年数は，10年未満が17％，20年未満が18％，30年未満が18％，40年未満が19％，50年未満が21％，50年以上が8％である。自動車リサイクル法が制定された2005年の後の参入企業は15％弱であり，既存の企業の数が格段に多いことがわかる[18]。

解体事業者の展開事業は上図である（図表8-1）[19]。

自動車解体業と称しても，解体業のみを扱っている企業は37％であり，63％の企業は関連領域のビジネスも行っている。そのうちの65％は解体業がメインであるが，35％は解体業以外をメインとしている。

自動車解体業の利益源を，自動車リサイクル関連売上高構成比（2012年度）で確認したい（図表8-2）。事業内容は使用済自動車解体による中古部品販売，鉄スクラップ販売，非鉄金属販売であるが，自動車解体事業の売り上げは中古部品販売が，国内外を含め56％と半数以上を占める傾向にあ

17　矢野経済研究所（2014）p.38
18　同上 p.40
19　同上 p.43

図表 8-2　自動車リサイクル事業者の売上高構成比（2012 年度）

展開事業	売上高構成比（％）
スクラップ販売	31
中古部品販売（国内）	32
中古部品販売（輸出）	24
リビルト部品販売	6
その他	7

【出所】矢野経済研究所の資料より筆者作成

る[20]。中でも中古部品の輸出売り上げは，それだけで 24 ％を占めている。今後，我が国の人口減を加味すれば国内の自動車需要の減少は必至であり（自動車新車販売台数推移の表を参照のこと），国外での市場拡大はより重要となるであろう。

8.3.2　自動車産業の現状

　使用済自動車を扱う事業者は，動脈で製造される自動車台数により大きな影響を受ける。我が国の自動車産業の現状を確認する。

　まず我が国の 2000 年以降の自動車保有台数推移は図表 8-3 である[21]。毎年微増しているものの，2005 年以降の前年比は 1 ％増程度であり，人口減少や自動車の所有に対する価値観も変化していることを鑑みれば，今後の増加に期待はできない。

　次に，自動車新車販売台数推移は図表 8-4 である[22]。販売台数は若干下降気味の横ばいである。

　続いて，自動車解体業の財である使用済自動車の発生台数推移は図表 8-5 である。ほぼ毎年 300 万台前後で推移していることがわかる[23]。

20　矢野経済研究所（2014）p.91
21　自動車検査登録情報協会　https://www.airia.or.jp/publish/statistics/number.html（2017 年 10 月 1 日確認）
22　日本自動車販売協会連合会　http://www.jada.or.jp/contents/data/index.html（2017 年 10 月 1 日確認）
23　図表 8-4，図表 8-5 とも，『自動車リサイクル制度の施行状況の評価・検討に関する報告書』p.4 を参照した。図表 8-4 の 2015 年，2016 年は「産業構造審議会 産業技術環境分科会 廃棄物・

第8章　自動車解体事業の戦略――静脈のスタート地点――

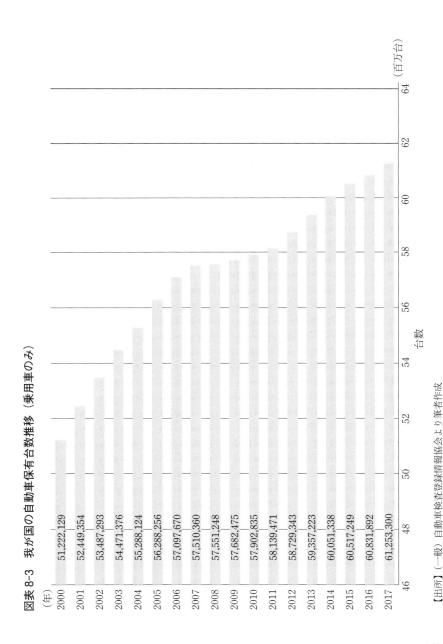

図表 8-3　我が国の自動車保有台数推移（乗用車のみ）

【出所】（一般）自動車検査登録情報協会より筆者作成

図表 8-4　自動車新車販売台数推移

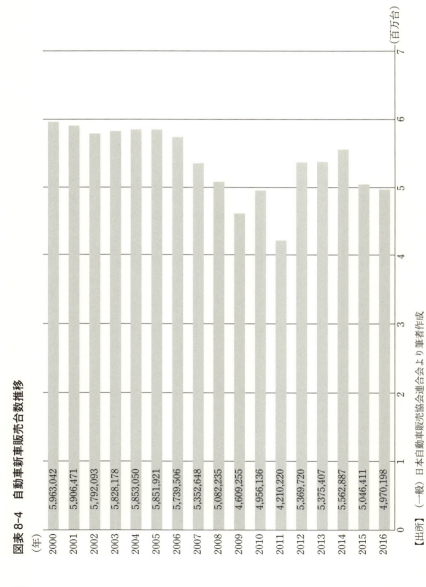

【出所】（一般）日本自動車販売協会連合会より筆者作成

第 8 章　自動車解体事業の戦略——静脈のスタート地点——

図表 8-5　使用済自動車の発生台数推移

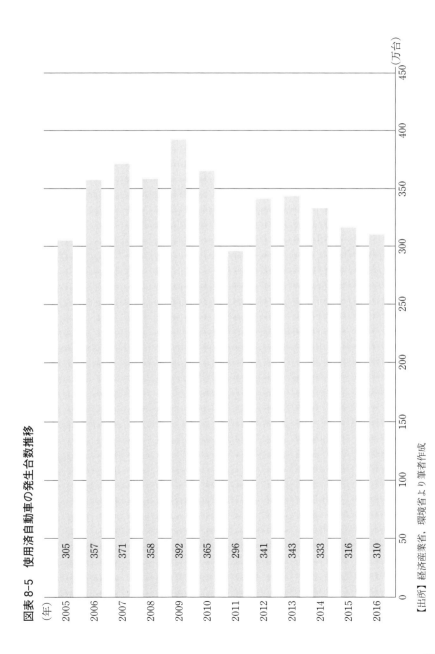

【出所】経済産業省、環境省より筆者作成

図表 8-6 中古車輸出台数推移

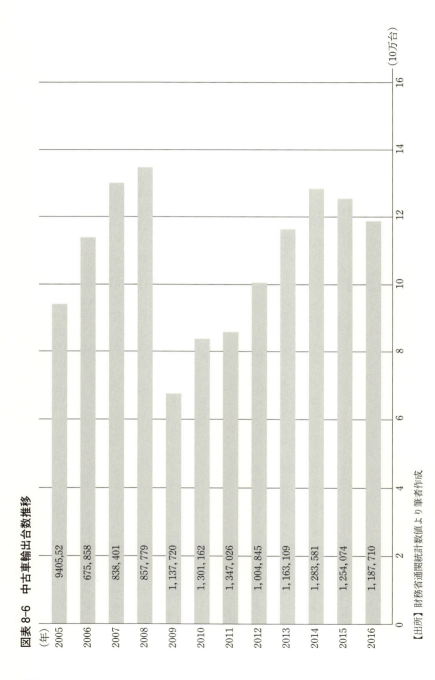

【出所】財務省通関統計数値より筆者作成

第 8 章　自動車解体事業の戦略──静脈のスタート地点──

図表 8-7　世界の自動車年間生産台数

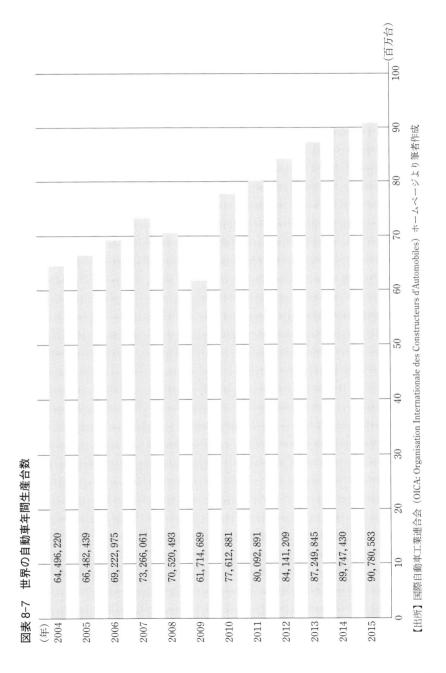

年	台数
2004	64,496,220
2005	66,482,439
2006	69,222,975
2007	73,266,061
2008	70,520,493
2009	61,714,689
2010	77,612,881
2011	80,092,891
2012	84,141,209
2013	87,249,845
2014	89,747,430
2015	90,780,583

【出所】国際自動車工業連合会（OICA: Organisation Internationale des Constructeurs d'Automobiles）ホームページより筆者作成

また，中古車輸出台数推移は図表 8-6 である。2016 年現在で仕向け国は 178 か国である。中古車の輸出は仕向け地の法制度や景気等により左右されるため，台数推移の予測が困難ではある。また輸出側と輸入側では数量が大幅に異なることもあり，日本側の数値のみで判断することは危険との指摘もある[24]。しかし日本車の人気は高く，今後も仕向け国トータルでは増加するであろう。日本製の中古車の輸出は，同車の部品が仕向け地で必要となることも意味する。

　以上我が国の自動車の動向を確認したが，世界の自動車年間生産台数は，2015 年には 9,000 万台を突破し，今後も ASEAN 等での需要は拡大すると予測される（図表 8-7）。なお，我が国の国内生産率は 2004 年には 51.8 ％であったが，2015 年には 32.3 ％と激減している[25]。我が国の自動車の製造，流通は頭打ちであるが，世界的には自動車が増産されており，それに伴い使用済自動車も増えることになる。

8.3.3　自動車解体事業の現状分析

　ここまで述べてきた先行研究や自動車産業をめぐる動向を基に，使用済自動車の解体事業に対しての SWOT 分析を行い，解体事業者の現状を把握したい（図表 8-8）。

　まず外部環境の機会 Opportunity は，自動車リサイクル法により使用済自動車を適正に管理することの必要性が社会的に合意されたことにある[26]。使用済自動車の収集が制度化され，社会的費用で負担していた廃棄物処理が市場化された。また都市鉱山の活用[27] などリサイクル意識の高揚により，リユース・リサイクル製品の市場化が促進したというメリットもある。

リサイクル小委員会 自動車リサイクルワーキンググループ，中央環境審議会 循環型社会部会 自動車リサイクル専門委員会 第 45 回合同会議 ‐ 配布資料「資料 5　自動車リサイクル法の施行状況」p.3 より加筆。

24　阿部（2017）　阿部は，例えばロシアでは「Used」（中古）は製造日から 3 年超の車とされており，日本では中古車として輸出されているものが，現地では新車として扱われていることもあると指摘する。

25　㈱ソウウイング（2017）p.10

26　粟屋（2016a）

27　金属スクラップを原料とした「都市鉱山メダル」が 2020 年の東京五輪・パラリンピックで採用されるようになったことからも，意識高揚が推察される。

第8章　自動車解体事業の戦略──静脈のスタート地点──

　次に外部環境の脅威 Threat であるが，自動車リサイクル法の施行後に少数とはいえ，参入企業が増加したことが挙げられる。これにより使用済自動車の仕入れの際の買い取り価格が上昇するなどのデメリットが生まれている。加えて我が国での自動車数の減少は防ぎようがない。また鉄価格の変動は使用済自動車の買い取り価格を左右するが，自動車解体事業者には手の打ちようがない。さらに使用済自動車の売り手側，また解体後の鉄スクラップや中古部品の買い取り側の交渉力が強く，自動車解体事業側は弱い。Kay（2004）は，所得分配の格差は，生産性の格差（収入＝個人の貢献の価値）と交渉力（収入＝社会における権力分布）に依存するとしており，自動車解体事業者の経済性は有利とはいいがたい。

　外部環境の機会と脅威は，どちらも動脈産業の動向はもちろん，制度と市況の影響を受ける。特に鉄スクラップの価格の変化は大きな影響を与える。

　続いて内部環境であるが，強み Strength と弱み Weakness の内容は，自動車解体事業のコアとする事業内容によって，企業ごとに変化する。

　Kay（2004）の生産力と交渉力で分析してみよう。生産力に必要なのは，

図表 8-8　自動車解体事業の SWOT 分析

外　　　部	内　　　部
機会 Opportunity ・自動車リサイクル法による使用済自動車の管理の社会的合意 →収集の制度化，廃棄物処理の市場化 ・都市鉱山の活用などリサイクル意識の高揚 →リサイクル製品の市場化促進	強み Strength 【生産力】 ・人的資源（解体目利き，語学対応）有 ・環境対策車解体の技術有 【交渉力】 ・使用済自動車の収集ルートが有 ・鉄・非鉄など販売ルートが有 ・これらの海外展開ルートが有
脅威 Threat ・自動車リサイクル法による参入企業増加 →使用済自動車仕入れの困難（買取価格の上昇） ・我が国での自動車数の減少 ・鉄価格の変動 →交渉力が弱い（売り手，買い手が強い）	弱み Weakness 【生産力】 ・人的資源（解体目利き，語学対応）無 ・環境対策車解体の技術無 【交渉力】 ・使用済自動車の収集ルートが無 ・鉄・非鉄など販売ルートが無 ・これらの海外展開ルートが無

【出所】筆者作成

人的資源である。中古部品をメインに売買するのであれば，解体するに適した自動車か否かを判断できる目利きを有した人材の有無が，強み，弱みを左右しよう。また海外への進出を考えるに際し，既存の従業員に語学対応可能な人材がいれば強みになる。国内のみを市場として限定するのであれば，その時点では強みではない。また発展途上である環境対策車に対する解体の技術の有無も，今後は大きく強み，弱みに関係してくるであろう。次に交渉力に必要なのは，使用済自動車の収集ルート，鉄・非鉄など販売ルート，これらの海外展開ルートなどの有無である。これは既存の企業間連携が活用できるか，新たに交渉するかで，取引コストが大きく変わってくる。これらの生産力と交渉力は，企業が有していれば強みに，有していなければ弱みとなるため，図表 8-8 では敢えて双方の可能性を列記してある。実際には，各企業の内部環境に応じて，強みと弱みが取捨選択されることになる。

8.4　自動車解体事業者の戦略と課題

8.4.1　中小企業の役割と強み

　ここまで何度も述べてきたように自動車解体事業者は中小企業である。社会がいかに中小企業を捉え期待しているかを，中小企業憲章（2010 年閣議決定）の文面より確認したい。同憲章では，まずは，我々の社会における多様な産業を担い支えているのは中小企業であることを明示したうえで，大企業と比較し中小企業は，意思決定の素早さや行動力，創意工夫等の面で多様な可能性を有していることを指摘している。また働く場を継続的に提供できるという点や，地域の生活や伝統を継承しうるという点で地域密着という特色をあぶりだしている。

　時代を少し遡るが中小企業基本法（1999 年）では，「……経営の革新及び創業が促進され，その経営基盤が強化され，並びに経済的社会的環境の変化への適応が円滑化されることにより，その多様で活力ある成長発展が図られなければならない」と述べられている。

　以上より，中小企業の経営スタイルとして機敏性，地域性，創意工夫が求められ，これらを通して，経営の革新，つまりイノベーションが期待されて

いることがわかる。しかしながら，人口減による市場縮小が必至の我が国において，現在の「地元」という意味での地域に固執していては先細りの可能性も否めない。機敏性を発揮して地域の概念の拡大というイノベーションも考慮することが求められる。

8.4.2　自動車解体業の製品─市場マトリックス

前節の SWOT 分析より，機会と脅威については，制度と市況の影響が大きく，外部環境は国内にいる限り比較的各社同様であることが読み取れる。であるならば海外展開を行えば結果的に外部環境も大きく変わることになる。一方で，内部環境については，生産性と交渉力の有無によって成否が分かれる。そこで，生産性（製品・技術）×交渉力（市場）と見て，Ansoff の製品─市場マトリックスに落とし込んで，さらなる分析を行ってみよう[28]（図表 8-9）。

まずは，既存市場における既存製品であるが，使用済自動車を国内で収集・解体し，国内外に販売する，また中古部品や鉄スクラップ，非鉄金属を販売することなどがここに相当する。これらをいかに市場浸透させるかの戦

図表 8-9　自動車解体業の製品─市場マトリックス

	既存製品（技術）	新製品（技術）
既存市場	【市場浸透】使用済み自動車を国内で収集・解体し，国内外に販売　・中古部品・鉄スクラップ・非鉄金属	【製品開発】他者と異なる解体による財の提供
新市場	【市場開発】①自動車以外のリサイクル（家電，自販機等）②使用済み自動車を海外で収集・解体し，海外で販売　・中古部品・鉄スクラップ・非鉄金属	【多角化】

【出所】Ansoff 訳（1969），p.137 を援用し筆者作成

28　Ansoff 訳（1969），　p.137

略が問われる。しかしながら当領域は使用済自動車の台数の減少，競合他社の台頭により，競争は激化しており，売り手・買い手に対する交渉力も弱い。頭打ちの市場であるといえよう。

次に既存市場における新製品（新技術），であるが他社とは差別化した解体手法を行い，差異性のある財を市場に提供することがこれに相当するであろう。この技術・製品開発戦略は，新規性，また買い手側の要望に合った財の提供を考慮した開発が問われる。企業間連携が特に必要とされる領域である。

続いて既存製品（技術）をいかに新市場に拡大していくかを問う，市場開発戦略について考えてみよう。市場開発の対象となるのは，既存市場における新製品（新技術），もしくは使用済み自動車の収集を既存の国内ではなく，国外に広げ，解体，解体した部品や鉄スクラップを現地で販売すること，あるいは中古部品・鉄スクラップ・非鉄金属などの販売にまで手を広げること，などである。まとめるならば，変化する外部環境に留意し，既存技術を異なった対象にも援用し新たな財を生むこと，もしくは生産と販売の地理的拡大を狙うことが，当領域の市場開発戦略である。

製品—市場マトリックスには新しい市場で新しい製品を扱う多角化戦略もあるが，本章では自動車解体事業者による自動車解体事業そのものの戦略に焦点を絞るため，ここでは議論をしないこととする。

8.4.3　自動車解体事業者事例

自動車解体業の製品—市場マトリックスで述べた既存市場・既存製品以外のふたつの戦略を，それぞれ事例に当てはめて分析をする。製品・技術が新規の事例（図表 8-9，右上の象限）（後述の A 社）と，市場が新規の事例（図表 8-9，左下の象限）（後述の B 社）とし，今回は特にイノベーションにつながる可能性の高い市場の拡大を図ることに着目し，B 社を中心に述べる。

まずは既存市場で新技術の領域である。差別化可能な技術開発の探索として，製品開発を行う企業である。大阪に本社を置く A 社[29] は，資源循環を担

---

29 A 社は現在の㈱阪神オートリサイクルである。本社所在地は大阪市住之江区北加賀屋 3-2-18，資本金 1,000 万円，従業員数 7 名。ヒアリングは 2015 年 7 月 24 日に実施した。ヒアリング当時

132

第8章 自動車解体事業の戦略——静脈のスタート地点——

う親会社より 2016 年に分社化した。親会社は創業 2003 年，資本金 3,000 万円，83 億 1,000 万円（2016 年度 10 月期），総従業員 25 名の企業であり，事業内容はマテリアル事業，自動車リサイクル事業，製錬処理事業である。A社はこの中の自動車リサイクル事業を担っていたが，2016 年に独立した。

　同業他社との差別化のポイントは，手解体による緻密で丁寧な解体である。これは，中古部品はもちろん，素材として存在する非鉄，レアメタルを重視したためであり，これらを丁寧に抽出して市場化を狙っている。使用済自動車を大量には扱わず，仕入れ車両数を一定数に保ち，熟練工による短時間解体を特色としている。グループ会社売り上げ全体の中で使用済自動車の占める割合は約 3 割である。アウトプットの付加価値は高いが，規模の経済が追求できないため，緻密な解体だけでは利益規模に限度がある。他事業との併用による範囲の経済を効かせることで利益につなげている。

　次に既存製品や技術を交換できる市場をいかに開発するかであるが，生産と販売の地理的拡大を積極的に狙う B 社の戦略について検討する[30]。岡山県に本社を置く B 社は，資本金 300 万円，従業員 36 名，事業内容は車買い取り，解体して中古部品販売，鉄・非鉄の販売である。B 社は早くから国外に地理的拡大を求め，パラオ，モンゴル，ラオス，ミャンマー[31]に中古車や中古部品を手広く販売している。

　特に日本企業が昨今注目しているミャンマーへは，2011 年と早期に中古車輸出販売を開始している。2011 年にミャンマーが民主政治化されて以来，多くの国や企業がミャンマーへの市場進出を模索している。したがって，非常に興味深い事例であるため，特化して述べてみたい。

　当初同社は，ミャンマーに店舗は置かず，日本人社員をヤンゴンに派遣し在住させ，足固めを行った。その後 2014 年より，ヤンゴンのタムウェイ市

は㈱阪神環境システムリング（現在は㈱阪神マテリアル）の自動車リサイクル事業であった。ヒアリング対応者は㈱阪神オートリサイクル 代表取締役（当時はオートリサイクル事業部主任）フルラン・ジョナス・アキオ氏である。本章はヒアリング内容を基に記載したが，2017 年 9 月に E メールで最新情報を確認した。

30　B 社は㈲宇野自工である。本社所在地は岡山県岡山市中区倉富 440 番地。ヒアリング対応者は代表取締役 今井 勇一氏であり，2015 年 8 月 16-17 日に実施した。また 2017 年 9 月には E メールにて現在の状況を確認した。その内容を基に記載している。

31　アジアでの自動車の再資源化については，矢野経済研究所（2014）に詳しい。ミャンマーの自動車産業については粟屋（2016c）も参照のこと。

場（ヤンゴンで最大の中古部品市場）に中古部品店舗を開業している。2017年夏の時点で，タケダ地区に部品庫を設け拠点にし，マンダレーにも部品供給を行っている。今後はネピドーにも拡大する計画がある。同店舗の経営にはB社が100％出資しているが，株主はミャンマー人のパートナー名となっている。ミャンマー国が邦人の輸入販売を法制度で禁止しているための策である[32]。

　B社がミャンマーで行っていることは，日本から輸出した中古部品を現地で売ることのみである。日本でB社がビジネスとして行っている，使用済み自動車を収集し，解体するまでには至っていない。

　B社は精力的に海外市場への拡大を図っているが，その事例から導出される解体事業者の海外進出の障壁は，以下である。まず他国での使用済み自動車の収集は情報の非対称性が大きい。加えて該当国の各々の制度に対応が必要であり，取引コストが高い。産業廃棄物の規制など，現在の日本では当然のように存在する環境関連の法制度が，発展途上国では無いことが多い。また政権による制度変化は，期待もあると同時に，不確実性が高い。規制が緩和されれば参入者が増加する故，規制の存在は起業家精神にあふれる先行者には優位に働く面もある。加えて途上国における静脈産業は，都市生業としての割合が大きく，他国の企業が参入するには実質的に困難である面も否めない[33]。

　またミャンマーの場合は，先述したように邦人の輸入品販売が認められていないため，パートナーが必要となった。この場合，国の制度に加えてパートナーとの取引コストが嵩む。人材教育も文化や価値観の相違もある。これらを考えれば市場開発は，人材の乏しい中小企業には，荷が重いともいえる。

　そうはいえ，自動車解体事業者が仕入れる使用済自動車は，日本国内では減少する。減少するパイを奪い合うか，それとも上記のリスクを解決しながら使用済自動車の豊富な市場に進出し，現在の中古車，中古部品販売を足掛

32　ミャンマーの法制度は大きく変化しているが，これはヒアリングした2015年8月時点のことである。
33　橋（2012）

かりに，使用済自動車の収集，解体まで拡大するビジネスを展開するかを決断することは急務であり，非常に大きな意思決定となる。

8.4.4　企業存続の鍵

　ここまでの事例検討や議論を踏まえ，中小零細企業の多い自動車解体事業者がいかに存続するかを，西岡（2012）の中小企業の強み（イノベーションを生む中小企業の条件）を援用して考えてみたい。中小企業の強みは，固有的資源としての中核技術への資源集中，マーケティング志向の強さ，イノベーション創出に向けた経営者の強い意志の存在の三点であると西岡は述べる。

　固有的資源としての中核技術に資源集中するには，何が中核技術なのかというドメインの明確化が求められる。解体事業者の場合は，解体による中古部品販売なのか，数をこなして鉄スクラップ販売をするのか，その両方なのかを明確に打ち出すことである。

　マーケティング志向の強さは，解体事業者の場合は，仕入れ，販売の両方における積極的な市場開拓に表れる。中小零細企業が多いため，手広く営業できるだけの人員を確保することは難しく，経営者自らが市場開拓に奔走することとなる。その際，ドメインに応じて現存事業を深耕するのか，もしくは新たな地理的，技術的な市場開拓をするのかが，各企業に問われる点である。自動車解体事業者が今後生き残るためには，海外への市場拡大という地理的ドメイン変革が選択のひとつであることは間違いない。地理的な拡大の場合は国による制度への対応が急務であり，その取引コストは高い。しかしながらそうした市場創造が実現できれば，新規市場での早期参入者の強みを生かし，元請けとして確固たる立ち位置を確保できる可能性もある。

8.5　ま と め

　自動車再資源化を担う静脈市場は，社会的課題のビジネス化という社会的価値観を基軸にしている点に特色がある。社会的価値観とは，資源循環，社会的責任，拡大生産者責任，国際共存などを含んでいる。中小企業である各

プレイヤーが，保有する価値観をビジネスに落とし込んで経営を行っているが，各企業の特性，資源，立ち位置，生産技術，マーケティング等の差異が存続に関与してくる。

　本章は，中小零細企業の多い自動車解体事業を戦略面より整理し課題提起したものである。具体的には，自動車再資源化ビジネスにおける解体事業者の機能を確認し，解体事業者の現状を把握した。SWOT分析を行い，解体事業者は外部環境（制度や鉄スクラップ価格，中古車や中古部品の市場拡大）の変化の影響を強く受けることを確認した。また外部環境の変化がイノベーションの一助になると仮説を立て，製品―市場マトリックスの観点より，解体事業者の現在のビジネス，今後見込まれるビジネスを分析した。日本製中古自動車が海外に多く流出していることは歴然とした事実であるため，海外で中古部品を直接取り扱うことや，現地で使用済自動車を収集し解体するという海外進出の可能性について検討することは急務だからである。その上で解体事業者がドメインを明らかにし，経営者が積極的なマーケティング活動を行えば，元請けとしてのビジネス創造を可能にすることを述べた。

　自動車解体事業の戦略を研究する上での今後の課題は，自動車解体業者が海外へ市場拡大を意図する際に，静脈の川中や川下の他企業といかに連携・共存しうるかについて検討することである。またニッチ領域の発見とビジネス化が企業存続のポイントでもある。社会環境の変化や各企業の特性などに留意し，さまざまな戦略論に基づいた考察を蓄積し，競争優位を具現化できる傾向を把握したい。

＊本章の研究については，文中に述べたように株式会社阪神オートリサイクル代表取締役（当時はオートリサイクル事業部主任）フルラン・ジョナス・アキオ氏，有限会社宇野自工　代表取締役　今井勇一氏に多大なご配慮を賜った。心より感謝申し上げる。

＊本章は，粟屋仁美（2017）「自動車解体事業の海外戦略に関する一考察」『敬愛大学研究論集』第91号，pp.3-24を基にし，加筆修正をしている。

第8章　自動車解体事業の戦略——静脈のスタート地点——

【参考文献】

Ansoff, H.I.（1965）*Corporate Strategy: An Analytic Approach to Business Policy for Growth and Expansion*, McGrow-Hill.（広田寿亮訳『企業戦略論』（1969）産業能率短期大学出版部）

Dunning, J.H.（1977）"Tracle, Location of Economic Activity and the MNE：A Search for an Eclectic Approch"in B Ohlin, P-O Hesselborn and P.M.Wijikman eds. *The International Allocation of Economic Activity Macmillan.*

Dunning, J. H & Lundan, S. M.（2008）*Multinational Enterprises and the Global Economy*, E. Elgar.

Ghemawat, P.（2007）"Managing Differences：The Central Challenge of Global Strategy," *Harvard Business Review*, Vol.85, No.3.

Kay, J.（2004）*Culture and Prosperity*, HarperBusiness.（佐和隆光訳（2007）『市場の真実「見えざる手」の謎を解く』中央経済社）

阿部　新（2017）「自動車リサイクルの潮流　第73回　中古車貿易量における統計上の品目区分」『自動車リサイクル』4月号。

阿部　新・平岩幸弘（2014）「自動車静脈産業の海外展開に関する一考察」『研究論叢（第1部）人文科学・社会科学』第63号，山口大学教育学部，pp.11-18。

粟屋仁美（2013）「CSV（Creating Shared Value）概念とビジネス創造」『比治山大学短期大学部紀要』第48号，pp.37-46。

粟屋仁美（2016a）「資源有効活用と社会責任経営―自動車リサイクル事業を事例として―」『経営行動研究年報』第25号，経営行動研究学会，pp.10-15。

粟屋仁美（2016b）「経済的費用からみる自動車リサイクル市場」『経営会計研究』第20巻第20号，経営会計学会，pp.153-162。

粟屋仁美（2016c）「ミャンマーの自動車産業の現状とリサイクル市場のポテンシャル」『敬愛大学総合地域研究』第6号，敬愛大学総合地域研究所，pp.65-71。

井上善海（2011）『7つのステップで考える戦略のトータルバランス』中央経済社。

井上善海（2016）「中小企業におけるオープン・イノベーションのマネジメント」『経営力創成研究』第12号，東洋大学経営力創成研究センター，pp.5-16。

㈱ソウウイング（2017）「自動車流通関連レポート　2016年の概況＆2017年の展望」。

木村眞実（2016）「自動車解体業の経営分析―収益性の経年分析を中心に―」『産業総合研究』第24号，沖縄国際大学総合研究機構産業総合研究所，pp.15-32。

外川健一（2008）「自動車リサイクル法施行1年後の自動車解体業の状況」『熊本法学』第115号，熊本大学，pp.126-102。

外川健一（2015）「自動車リサイクルシステムの現状」『環境経済・政策研究』第8巻第1号，環境経済・政策学会，pp.92-95。

中谷勇介（2006）「静脈ビジネスの産業化：自動車解体の生産組織に関する一考察」『工学院大学共通課程研究論叢』第43巻第2号，pp.57-64。

137

中谷勇介（2010）「自動車リサイクル企業における競争優位と戦略」『商経論叢』第 46 巻第 1 号，神奈川大学経済学会，pp.61-73。

西岡　正（2012）「中小企業におけるイノベーション創出と持続的競争優位」，小川正博・西岡　正編『中小企業のイノベーションと新事業創出』同友館。

日本 ELV リサイクル機構（2007）『自動車解体業のモデルビジョン』。

橋　徹（2012）「途上国における静脈産業の発展—静脈産業の発展プロセス分析—」『社学研論集』第 20 巻，早稲田大学大学院社会科学研究科，pp.94-109。

平岩幸弘（2005）「自動車リサイクルにおける垂直的統合—自動車解体業の産業構造変化—」『桜美林エコノミックス』第 52 号，桜美林大学経済学部，pp.75-96。

矢野経済研究所（2014）『ASEAN 自動車リサイクルの実態と展望 2014 年版』。

義永忠一（2014）「第 6 章　国際化と中小企業」『中小企業論・ベンチャー企業論』有斐閣。

経済産業省ホームページ

「産業構造審議会 産業技術環境分科会 廃棄物・リサイクル小委員会 自動車リサイクルワーキンググループ，中央環境審議会 循環型社会部会 自動車リサイクル専門委員会 第 45 回合同会議—配布資料　平成 29 年 9 月 19 日（資料 5　自動車リサイクル法の施行状況）」

http://www.meti.go.jp/committee/sankoushin/sangyougijutsu/haiki_recycle/car_wg/pdf/045_05_00.pdf（2017 年 9 月 19 日確認）

産業構造審議会 産業技術環境分科会 廃棄物・リサイクル小委員会 自動車リサイクルワーキンググループ 中央環境審議会 循環型社会部会 自動車リサイクル専門委員会 合同会議「自動車リサイクル制度の施行状況の評価・検討に関する報告書」　平成 27 年 9 月」

http://www.meti.go.jp/committee/sankoushin/sangyougijutsu/haiki_recycle/car_wg/pdf/report_01_01.pdf　（2017 年 8 月 5 日確認）

自動車検査登録情報協会

https://www.airia.or.jp/publish/statistics/number.html（2017 年 10 月 1 日確認）

日本自動車販売協会連合会

http://www.jada.or.jp/contents/data/index.html（2017 年 10 月 1 日確認）

公益財団法人自動車リサイクル促進センター

https://www.jarc.or.jp（2017 年 10 月 1 日確認）

矢野経済研究所データ「平成 25 年度中小企業支援調査（自動車リサイクルに係る解体業者に対する経営実態等調査事業）—使用済自動車の解体業者の経営実態に係る調査—」

http://www.meti.go.jp/policy/mono_info.../kaitaichousa.pdf（2017 年 10 月 1 日確認）

第9章	静脈市場の付加価値創造
	——静脈と動脈の接点と逆有償——

再資源化ビジネスは外部性を再資源化して有効活用することが目的であるが，そのためには，再資源化した外部性が財となること，そしてものづくりをする動脈に取り入れられることが必要条件となる。その最終的な要となるのは，静脈の川下にあるマテリアル産業である。中でもセメント事業者は受け入れた外部性を 100 ％活用する。セメント事業者の再資源化は，事業者が動脈と静脈の両領域に存在していること，そして外部性である ASR を受け入れる際は逆有償取引をしていることにより可能となっている。

再資源化は，財の質と費用の兼ね合い，そしてバージン材料との比較検討による。逆有償で取引される ASR の費用負担者は動脈の自動車の購買者であるが，自動車の製造から廃棄・再資源までの一連のフローのプレイヤーの役割分担，バランスが社会の価値観で今後どのように変化するかなど，「再生の経営」の実現に向けて議論が必要である。

9.1　本章の目的

本章は，自動車リサイクルの最終工程で残渣となる ASR を引き受けている，いわば静脈産業の最後の要であるセメント事業者を考察し，再資源化時に創造される価値を経済学的費用の観点より検討することを目的とする。静脈の最後の要であるセメント事業者の中でも，再資源化活動に積極的・自主的に取り組む太平洋セメントを事例とする。議論のポイントは，付加価値創造を担うセメント事業が動脈と静脈の接点であること，また付加価値を生むための負の外部性の受け入れが逆有償であることである。

これまでの経営学における製造業は，購入・生産・販売という「ものづくり」の側面が重要視されてきた（動脈領域）。成熟し豊かな現代は，製品を使用した後の，回収・選別・再生・再販売（静脈領域）の側面に対しても配慮し研究することが肝要である。それは CSR 概念の一領域であり，経営学においても拡大生産者責任として議論し始められている。ものづくりにおける CSR を機能させるには，静脈で生産される再生資源が，再び動脈で財として購入されることが必要である。再生資源はリサイクルとリユースとある

が、本章では企業が手を加えて再生産するリサイクルを対象とする。

　使用済自動車の処分が不適切である場合、車両や部品の不法投棄や安易な埋め立てが行われバッズが生まれる。このような負の外部性の処理や、将来の環境負荷などへの対応には社会的費用が発生する。本研究における付加価値とは、負の外部性を再資源化してグッズとし、所有権を価値ある財産権としビジネス化することを意味する。我々はこのビジネスモデルを社会的費用の私的費用化と呼ぶ。それらを主要ビジネスとして担っているのが静脈領域である。

　使用済自動車再資源化産業の課題は、静脈市場が動脈市場に付随していることより、動脈市場が絶対的優位な点にある。静脈産業が生き残るには、変化する外部環境の中で、動脈産業に付随しながらも共存していかねばならない矛盾に動態的に対応し、動脈市場に提供する財の付加価値をいかに向上させるかという経済的な課題解決が必要である[1]。

　使用済自動車の静脈領域の川下に位置する製錬[2]事業、セメント事業、電炉事業等は、動脈で必要とされる財を提供する役割を担っており、静脈の経済性向上の鍵を握る。これらの事業者は、静脈市場と動脈市場の両方で経済活動を行っている点が強みである。中でもセメント事業は、製錬事業者や電炉事業者が、一度引き受けながらも再資源として扱えなかった二次的な副産物・廃棄物も取り込んでいる。具体的には自動車リサイクル法でリサイクル料金の対象となっている ASR の再資源化を精力的に行っている。

　セメント事業はセメント製造時に取り込んだ副産物・廃棄物を 100 ％利用し再資源化しており、静脈産業の最後の要である。特に我が国のセメント事業者は、廃棄物の埋め立て地の不足や再資源化意識の高揚より、社会的費

1　粟屋（2016）
2　製錬には、精錬の標記もあるが、三井金属鉱業㈱ 金属事業本部金属事業部営業統括部 リサイクル営業部担当部長　太田洋文氏に確認し、製錬の文言を使用している。太田氏の説明によると、非鉄業界の解釈では、製錬（smelting）は溶鉱炉・自溶炉・転炉などで熱を掛けて分離する工程、精錬（refining）は電解など熱を使わずに精製する工程として区分しているとのこと。これを現在の自動車再資源化上での対応にあてはめるならば、中間処理会社から受け入れる産物は、選別レベルが低い場合には、溶鉱炉やキルン経由自溶炉などを入口とする。選別レベルが高い場合でも高品位故銅等を転炉処理する。したがって現時点では、いずれも製錬に入ると言える。将来更に中間処理会社の選別レベルが上がった場合、製錬工程（溶鉱工程）をパスして、いきなり精錬原料として供給される可能性もあるとのことである。

用の私的費用化に自主的・積極的に取り組んでいるといえよう。セメント事業者が，これらが可能であるのは，少なくとも ASR を引き受ける際に，逆有償取引であることが特徴である。

　なお本研究は，セメント産業もしくは事業者の環境経営を問うものではない。自動車産業の静脈におけるセメント事業者の価値創造についての検討である。

9.2　先行研究の確認と，価値創出理論の提示

9.2.1　セメント産業・事業

　自動車の静脈市場のプレイヤーは自動車を解体する解体事業者，そして大規模装置で破砕する破砕事業者，素材のリサイクル事業者である。解体，破砕の段階で目に見える大きな財は再資源化される。結果的に残渣となる ASR は，静脈領域の最終工程のセメント事業者やマテリアルリサイクル事業者が引き受け，動脈市場に供給できる財へと転換させる役割を担う。しかし，この最終地点に着目した経営学的研究は数えるほどしかない。

　他方でセメント事業者のリサイクルに関する技術的側面の研究は豊富である。

　金子他（2008）は素材産業が他産業からの廃棄物・副産物を活用しており，我が国の資源循環を担っている点で社会的に貢献しているとする。さらに，素材産業がその廃棄物・副産物を生産プロセスで利用することで，自らの生産活動における天然資源の消費を抑制している効果もあるとする。

　これはセメント産業がエネルギー多消費産業のひとつであり，多大な CO_2 を排出していることと関与する。しかし，細谷（2010）は，セメント事業者は地球温暖化問題がクローズアップされる以前から省エネルギーに取り組んでおり，CO_2 排出削減としてはセメントの中間製品であるクリンカ製造時での削減，混合セメント使用による削減，セメント業界の民生・運輸部門における削減と三方向より努力していると述べる。

　よって三浦（2008）は，動脈ではインフラ形成に不可欠な構造資材を製造し，静脈領域では廃棄物・副産物を受け入れて 100 ％再資源化を行うセメ

ント産業は,「資源リサイクルに貢献する」と述べる。

　向田（2013）は会計学の面よりセメント事業者を分析し，品質調整のための添加材，混合材および燃料などの補助材として利用する他産業の副産物や廃棄物を，一部は逆有償で引き受けていることを指摘している。逆有償とは，ある経済的取引において，モノを受け取る主体（引き渡す主体）が同時に対価として貨幣を受け取る（支払う）場合をいう。その取引を逆有償取引という[3]。

　使用済自動車の最終廃棄物であるASRの処理には費用を要するため，自動車リサイクル費用が充当される。よって，企業はASRを受け入れるに際し，その処理費も受け取り，再利用や廃棄のための費用として活用する。セメント会社はASRを燃料としてサーマルリサイクルを行い，かつ添加材，混合材の原料としてマテリアルリサイクルを行う。すなわちセメント事業における社会的費用の私的費用化は，他者の費用も含めた上での私的費用化であるといえよう。本研究はこうした容易に遂行できない社会的費用の私的費用化に着眼するものである。

9.2.2　価値創造

　この課題に至るまでに粟屋（2016）は，自動車再資源化産業の意義は負

図表9-1　有償・逆有償の概念図

【出所】向田（2013）を参考に筆者作成

3　細田（2005）

142

第9章　静脈市場の付加価値創造——静脈と動脈の接点と逆有償——

の外部性の有価物化であり，静脈市場が我々の社会的課題解決の場であると述べてきた。他方で，先述したが動脈市場があってこその静脈市場であり，動脈の動向に静脈が大きく影響を受けることより，静脈の経済性の担保が課題であると指摘した[4]。動脈市場で製造された使用済の財の再資源化，すなわち付加価値の創造は，静脈市場の本業でありながら，静脈自体は完全に自立することができないため，静脈産業の成長や継続には，社会性の追求と，経済性の担保の両側面の議論が動脈産業以上に必要となる。

　一般的に価値とは，企業単体では Porter, M. E. の述べるマージンであり，財務論では，実際の成果から当初期待した成果を差し引いた利潤（残余利潤，剰余利潤）である[5]。本章では，静脈市場から創出され放置すると廃棄物となる負の外部性を，リサイクルし再市場化したことで得られる利潤を価値として捉える。これらの検討には使用済自動車の所有権の認識が大きく関与する。本稿では，冒頭述べたように負の外部性を再資源化して所有権を価値ある財産権としビジネス化する，換言すれば正のモノに転換することを付加価値化と呼ぶ。

　経済活動はすべて，あるモノ（X）を，プロセス（F）を経て別のモノ（Y）に転換させる活動であり，付加価値を求めて行われる[6]。静脈と動脈のモノづくりの差異は，転換プロセスが動脈では，

$$Y = F \ (X)$$

の一工程であるのに対し，静脈では，分解プロセス，中間処理プロセス，埋め立て処理プロセス，リサイクルプロセスなど複数の工程にわたる点にある[7]。

　この転換プロセスで，転換後のモノの所有権が，正もしくは負であるかが決定される。所有権理論では Demsetz（1967）は内部化の利益が内部化の費用よりも大きくなる時に，外部性の内部化に発展するとしている。そうした費用の判断基準は Coase（1988）の取引費用により示される。

4　粟屋（2016）
5　第5章 p66 参照のこと。
6　前掲　細田（2005）p.145
7　前掲　細田（2005）では，Y＝F（X）を通常のグッズを扱う経済学では生産関数であり，X というモノが F というプロセスで Y というものに転換される意味であると説明している。本稿の静脈のプロセスは，細田を基にして筆者が加筆・修正したものである。

9.2.3 先行研究からの導出

　所有権は財産権であり，正もしくは負の価値を有する。Xの所有権が負であったとしてもFにより，所有権が正になるYを創造する算段ができれば，その企業はXを受け入れることを選択肢とする。使用済自動車の付加価値創造は，Xというモノの所有権を獲得する際の費用（x），転換費用（f），創造されるYの市場価格（y）により実現の是非が決定する。式①が成立すれば，その企業はXを受け入れることを選択肢とする。その際の価値は，yから費用（x, f）差し引いた残余であり，式②で示すことができる。

$$| x + f | < y \qquad ……式①$$
$$y - | x + f | = 価値 \qquad ……式②$$

　この公式をセメント事業者に当てはめれば，セメント事業者が受け入れるASRがXであり，セメント製造に要する技術開発や工程がF，商品化されるセメントがYである。

　しかし，しかしXやFの費用がYの市場価格（y）より大きい場合（式③），加えてXを社会的に放置できない場合，逆有償取引（Z）となり，Xの引き取り料金（z）が必要となる。zはXの受入れ費用にFに要する費用（f）を合算した値からyを差し引いた値よりも大きいことが是となる（式④）。

$$| x + f | > y \qquad ……式③$$
$$z > | x + f | - y \qquad ……式④$$

　Zが存在する場合の価値は，以下である（式⑤）。セメントの市場価格に逆有償取引で受け取った対価を加算し，そこから受け入れやセメント製造に要する費用を差し引く。

$$y + z - | x + f | = 価値 \qquad ……式⑤$$

　式⑤の価値が，Xがバージン材料の場合と同等かそれ以上である時，セメント事業者はXを受け入れることを選択肢とする。

9.3 我が国のセメント産業と再資源化

9.3.1 セメント産業の概要

　我が国のセメント産業[8]は1873年にセメントが製造されて以来，拡大・発展を重ね世界でトップクラスの技術力を誇る。生産規模は2016年4月現在，企業数は17社，30工場，敷地面積は全社で68万㎡，東京ドーム15個分に相当する典型的な装置産業である[9]。

　セメントの生産量は，1979年度の8,794万トンをピークに減少したが，1996年にはアジア諸国への輸出により9,927万トンと記録を更新した。その後は減少傾向にあり，2015年には6,000万トンをきっている。そうした中，我が国のセメント会社は再編を重ね，生き残りを図ってきた。

　概して資源の乏しい我が国において，セメントの輸入量は国内需要全体の数パーセントであり，ほぼ自前で賄っている。セメントの原料は石灰石・粘土・けい石・酸化鉄であり，これらを乾燥，粉砕した後，焼成し再び粉砕することでセメントとなる[10]。セメントを生産するに際し，石灰石などのバージン原料に加え，高炉スラグ，石炭灰，ASRなども使用している。

　我が国のセメント産業の歴史を簡単に振り返ってみよう[11]。1871年にフランスからセメントが輸入され，日本で初めてセメントが使用された。そのセメント価格が巨額だったことにより，国産化の機運が高まった。1873年より官営セメント工場で日本におけるセメント産業が始まり，1875年に初めて信頼できる品質のセメント製造が可能となる。1881年に，初の民営セメント工場が現在の山口県山陽小野田市に建設された。これが後述する太平洋セメントの前身である。その後の日清戦争や日露戦争の戦勝により，セメント需要は高まった。

8　特に指定のない限り，一般社団法人セメント協会（2017）を参考にしている。
9　一般社団法人セメント協会ホームページ　http://www.jcassoc.or.jp/cement/1jpn/jc7.html　（2017年9月15日確認）
　2016年4月現在，セメント事業者は八戸セメント，日鉄住金セメント，日鉄住金高炉セメント，東ソートクヤマ琉球セメント，苅田セメント，太平洋セメント，敦賀セメント，宇部興産，デイ・シイデンカ，麻生セメント，明星セメント，三菱マテリアル，日立セメント，住友大阪セメントの17社である。
10　一般社団法人セメント協会（1994）p.8
11　セメント産業の歴史については鐵鋼スラグ協会（2010）を参考にしている。

1901 年には官営八幡製鐵所（現新日本製鐵）が創業されたが，創業と同時に，副産物の有効活用，省資源の取り組みが開始される。第二次世界大戦中はセメントの生産量は減少，品質も低下したが，戦後には復興工事や高度経済成長の中で，セメント需要が急激に増加する。2002 年にはエコセメント（都市ごみ焼却物や下水汚泥原料）が JIS 規格化された。

9.3.2　我が国のセメント産業の再資源化

セメント製造において廃棄物・副産物が活用されるようになった発端は，創業時より国策として行われていた高炉スラグである。セメント産業の歴史は，廃棄物の再資源化の歴史でもある。我が国の平成 25 年度廃棄物（産業廃棄物と一般廃棄物の合算）量は 1 年間で約 5 億 8,400 万トン発生しており，その内 2 億 6,900 万トンが循環利用されている。この循環利用が我が国としての社会的費用の私的費用化である。同年，セメント業界は約 3,000 万トンの高炉スラグ，建設発生土，廃プラスチック，原油などの廃棄物等をセメント製造に活用しており，それは我が国の循環利用量の約 9 ％に相当する[12]。

セメント産業が使用済自動車の再資源化に参入したのは，廃タイヤに限れば 1970 年代である。ASR の活用は，2005 年に自動車リサイクル法が施行された以後の 2007 年である。静脈産業における ASR の再資源化率は 2005 年には 62 ％であったが，2012 年は 95 ％と拡大しており，中でもセメント会社は 2 割に貢献している時もあった。

9.3.3　静脈川下事業の価値創造

電炉事業者や製錬事業者もセメント事業者と同様に，静脈の価値を創造する企業であり，これらの事業者は，動脈と静脈にまたがって，あるいは重複しながら生産活動を行っている。この点が生産財を扱う素材メーカーの特色である。

素材を購入し消費財を作るメーカーは，負の外部性の所有権を取り込むこ

12　環境省（2017）p.169

第9章 静脈市場の付加価値創造——静脈と動脈の接点と逆有償——

図表 9-2 セメント生産量と廃棄物・副産物使用量・使用原単位の推移

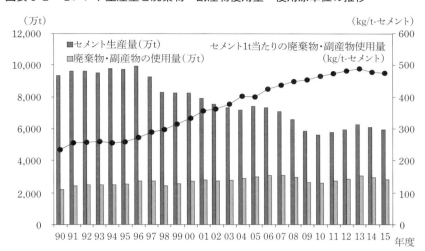

【出所】一般社団法人セメント協会ホームページ
http://www.jcassoc.or.jp/seisankankyo/seisan01/seisan01a.html

図表 9-3 エネルギー代替廃棄物の使用量の推移

(千トン)

	2003年度	2005年度	2010年度	2013年度	2014年度
木くず	272	340	574	657	696
廃プラスチック	255	302	445	518	595
廃油	173	219	275	273	264
廃白土	97	173	238	273	275
再生油	238	228	195	186	171
廃タイヤ	230	194	89	65	58
ＲＰＦ	5	8	15	16	17
ＲＤＦ	39	41	33	39	37
ASR(ASR+SR)	0	0	28	58	105

【出所】セメント協会　生産・環境委員会（2015）資料

とはない。必ず正の財を購入し，正の財を市場に提供する。製造時や販売時に排出された負の財は，静脈産業に時には処理費を支払って提供する。

147

セメント事業者は，動脈領域において必要なセメントを製造する。そのセメント製造の原料・燃料として，動脈・静脈の事業過程で排出される副産物・廃棄物を活用する。この副産物・廃棄物の活用のビジネス領域は，静脈に含まれる。もちろん，自社の製品（破砕されたコンクリートなど）も使用後は廃棄物となる。セメントの存在は，動脈ラインと静脈ラインが重複しているため，セメント事業者は一連の活動が可能となる。

セメント事業者は，他者にとっては負でしかない外部性の所有権を獲得し，正の財に転換し，自社製品としてそのまま動脈市場に提供する。消費財メーカーは正の財を，より正にする価値の創造を行い，素材メーカー等は負を正にする価値の創造を行っている。所有権の負を正にする価値化は，社会的観点では非常に意義ある事業である。

またセメント事業者は，他の再資源化施設が一度引き受けた副産物・廃棄物を，改めて二次受け入れしている。この点でもセメント事業者の再資源化の価値化は注目に値する。

9.4　再資源化ビジネスの事例分析

9.4.1　太平洋セメント概要

セメント産業の事例として，太平洋セメント株式会社[13] を取り上げる。同社の設立は 1881（明治 14）年 5 月，2017 年 4 月現在の資本金は 861 億7,400 万円であり，従業員数は 1,697 名，生産拠点はグループ会社を含め，国内に 9 箇所，米国 3 箇所，中国 3 箇所，ベトナム 1 箇所，フィリピン 1箇所，韓国 2 箇所である。事業概要はセメント事業，資源事業，環境事業，建材・建築土木事業，その他である。

太平洋セメントの歴史を簡単に振り返れば，1881（明治 14）年に設立（小野田セメント株式会社の創立），1883（明治 16）年に官営深川工作分局セメント工場を借り受ける（日本セメント株式会社の創立），1923（大正 12）年に秩父セメント株式会社が設立され，1994 年には，小野田セメント株式会

13　本社は東京都港区台場 2-3-5　台場ガーデンシティビル。

社と秩父セメント株式会社が合併し，秩父小野田株式会社が発足した。1998年には，秩父小野田株式会社と日本セメント株式会社が合併し，現在の太平洋セメントが誕生している[14]。

　太平洋セメントを考察対象とする根拠は，ASRの原料化の参入がセメント会社の中で最も早期であったこと，扱う量が多いことが挙げられる。太平洋セメントは，我が国のセメント事業のリーダーカンパニーであり，同社の動向により今後のセメント事業の方向性がある程度予測できる。また外川（2017）は，ASRリサイクル施設を概観し，同施設は地域的偏在がみられるが，太平洋セメントによるASRの再資源化が，上磯，熊谷，大分を基点に拡充しようとしていることを，特に評価している[15]。

　本研究は使用済自動車の静脈領域における価値創造を経済的費用より考察するものであり，同領域の代表的企業である太平洋セメントの考察は，その目的を達するに十分である。

9.4.2　ASR再資源化ビジネス[16]

　太平洋セメントは，2004年に自動車メーカーと使用済自動車の再資源化の共同研究を行ったが実現には至らなかった。2005年に自動車リサイクル法が施行されるに至り，改めて2007年にASRを活用し，使用済自動車の再資源化に参入することを決定した。セメント業界ではASRの再資源化のパイオニアであり，自主的・積極的な市場参入をしたといえよう。

　そうはいえ，太平洋セメントがセメント原料とするASRは，同車が取り込む廃棄物・副産物の0.4％であり，生産するセメント量における比率は多くはない。しかしASR全体で見れば，同社グループは我が国で排出されるASR再資源化の1割に貢献した時期もあった。

　同社は，先行者優位を活用し社会性と経済性を両立し，静脈と動脈をつな

14　太平洋セメントホームページ　http://www.taiheiyo-cement.co.jp/company/history.html　（2017年6月24日確認）
15　外川（2017）p.202
16　太平洋セメントに関する叙述は同社へのヒアリングによるものである。ヒアリングは2016年8月に行った。対応者は，環境事業部副部長 兼 営業企画グループリーダー　生田　考氏，営業企画グループ参事　花田　隆氏，営業企画グループ主任　鈴木　涼氏である。また，その後もEメールなどにより，追加質問や確認を行った。

ぐ価値創造を行っているが，その取引には，前述したように ASR の引き取り料金（z）が存在する。

X である ASR の引き取り料金（z）は，自動車リサイクル料により充当される。X には多様な素材が含有されており，ASR を排出する企業により異なる。それは ASR となるまでの解体・破砕段階が企業により差異があることで生じる。太平洋セメントは X の成分を調査し，受け入れるか否かを意思決定する。

事前調査の一般的な流れは以下である。

①X についての情報を得るためヒアリングを実施する。

　ヒアリングの項目は，X の発生場所，発生工程，化学組成・性状，引取り希望条件（数量，処理，買い取り単価，持込み荷姿等）である。

②ヒアリングを元に，再資源化に適する案件か判断（1 次スクリーニング）する。

③再資源化できると判断すれば，X のサンプルを提供してもらう。

　提供された X の化学組成・性状等の情報が，再資源化を行うには不足であると判断した場合，X の排出元に追加調査（分析）を依頼する。

④引取り対象となるセメント工場が引き取り可否を検討する。

⑤引取り可と判断すれば，X の排出元と交渉の上，廃棄物処分契約そして売買契約の締結をする。

⑥成分・性状が，再資源化処理で問題を引き起こす可能性もありえると判断された案件は，本契約締結の前に有期限のテスト契約を締結し，数量限定のテスト受入を実施し，確認する。

⑦セメント工場で本格的な引き取り，再資源化を開始する。

通常の廃棄物案件では上記の検討フローには，3 ヶ月から半年程度の期間を要する。ASR は，数量規模が大きく，かつセメントとして当初は処理困難と判断されていた。よって同社は社内横断的な事業開発プロジェクトとして取り扱い，約 3 年にわたり入念に調査検討を進め対応した。

このようなセメントの材料や燃料として用いるための事前調査や処理，社内調整などを確認する一連の工程が，取引費用としての x（X の受け入れに

要する費用）である。その後，自社内でXを熱源にする，もしくはセメント材料に転換するFを行う。このFにより生み出されたYが動脈で使用するセメントであり，セメントを作るための燃料である。

同社がASR再資源化に参入するには，ASRがセメントの材料・燃料として，技術的に転換が可能であることに加え，経済性が確保されることが必要である。ASRの受け入れをする際に，自動車リサイクル法で制定された自動車リサイクル料金（z）が，処理費すなわちxとして太平洋セメントに支払われる。これが逆有償と呼ばれるものである。同社の再資源化技術と，さらにzも加わることによって，経済性は担保される。

【式④，⑤再掲】

$$z > | x+f | -y \quad ……式④$$

$$y+z- | x+f | =価値……式⑤$$

式⑤の価値が，本章で述べる静脈市場の最終価値となる。すなわち同社のASRの再資源化は，逆有償による収入を含む。バッズであるXの所有権を獲得し，グッズYに転換Fする過程には，企業の技術力だけでなく制度として確保される自動車リサイクル料金も織り込まれている。

Xの引き取り料金（z）が無い場合，同社の引き取りは企業としては難しい。Zが存在しない場合の価値は式⑥で表される。

$$y - | x+f | =価値 ……式⑥$$

Zが存在しない場合，パターン1　Xはそのまま放置か，パターン2　他の企業がXを活用のふたつの事象が起きよう。そもそもZが存在しなかった時代は使用済自動車も含め廃棄物の不法投棄が頻繁に発生していた。こうした環境破壊やそれに伴う社会的費用の削減を意図して自動車リサイクル制度等の法制度が構築された。よって豊島事件等を考えればパターン1の可能性は残念ながら高い。

社会全体で見れば，パターン2　他の企業がXを有効活用することが望ましい。しかしZが存在する限り，こちらは出現しない可能性が高い。

以上より逆有償取引の存在は，技術革新を阻む面もあることは否めない。

しかし，現在の材料や製造方法により生み出される ASR はあまりに多様な素材が混入しており，その付加価値化には多くの費用を要するため，現段階では，逆有償は必要な取引といえる。

9.4.3　今後の可能性

　太平洋セメントは，逆有償取引による価値の創造を実現しつつ，新たな転換Ｆも模索している。

　太平洋セメントの 2016 年の有価証券報告書には，利益向上の要因は，アメリカでの需要向上，ベトナムやフィリピンの内需向上であると述べられている。すなわち利益は国外の需要によるものである。その上で既存事業の強化と成長戦略が課題とされており，グループとしてのシナジーや新たなビジネスモデルの構築による高付加価値型企業への転換の必要性がうたわれている。

　有価証券報告書に記載されている新規ビジネスモデルの構築は，本章で述べてきた環境事業部のビジネスに相当する。太平洋セメントの全社売り上げに対する環境事業部の売り上げは，2004 年には 7 ％だったが，2012 年には11 ％，2013 年には 12 ％，2014 年には 9 ％と，いったん落ち込んだものの全体の傾向としては上昇を続けている。今後は，こうした環境対策事業が太平洋セメントの稼ぎ頭になる可能性もある。

　同社の述べる「新たなビジネスモデル」とは，負の所有権の正への転換であり，以下の 3 点が挙げられる。まずは，副産物・廃棄物受け入れのより一層の拡大である。1 トンのセメントを製造するのに対し，一般に天然原料が約 1,400kg 必要であるが，現在太平洋セメントでは，天然原料代替の廃棄物・副産物を 376kg（2015 年実績）受け入れている。加えて同社では，セメントを 1 トン製造するのに，石炭などの天然燃料が約 110kg 必要であるのに対し，燃料代替となる廃棄物・副産物を 32kg（2015 年実績）受け入れている。含有成分の観点から利用に限界がある原料系廃棄物・副産物とは異なり，焼却することで熱エネルギーをそのまま利用できる燃料系廃棄物は，まだ天然燃料を代替できる数量が大きいことから，この領域で今後 ASR を受け入れるキャパシティはあるという。

次にエコセメントの生産・販売である。エコセメントとは都市ごみ焼却灰の処理に特化した新しいタイプのセメントである[17]。

そして ASR をより詳細に選別することによる財の再生と市場化である。具体的には，セメント以外に生産する製品を増加させることである。現在の ASR は，太平洋セメントで受け入れるまでの工程で分類・選別が大まかなものがほとんどであるため，セメント以外にも活用できると想定される非鉄金属等が多く含有されている。それらをより高度な技術で詳細に選別することができれば，新たな財（価値）を再創出することができる。それはセメント関連の製品の販売に加え，セメント以外の財を太平洋セメントの製品として市場に提供することを意味する。例えばリチウムイオン電池の材料などである。

廃棄物・副産物を取り込み，分類した後，他で活用できる資源は販売し，最終的に精査した残渣をセメント製造に使用するのである。それにより，太平洋セメントはセメント原料として引き受けた廃棄物・副産物から，新たな利益を得ることができるのである。

このビジネスモデルを所有権理論で説明するならば，負の外部性 X の最終引き受け先として所有権を引き受けた上で，F により，正の所有権である複数の Y に転換する。それらを X' として他社に移転するのである。X' は，新たな所有権を再生することを意味する。太平洋セメントが手掛けている技術開発がビジネスとして成立すれば，現在よりも大きな付加価値が実現できるであろう。

9.5　まとめ

本章は，使用済自動車の再資源化において，価値を創造し動脈市場に財を供給する事業者を，経済学的費用（所有権理論）の観点より考察することを目的としたものである。事業者とはセメント会社であり，我が国のリーダーカンパニーである太平洋セメントを事例とし検討した。セメント産業の価値

17　太平洋セメント『CSR レポート 2015』 p.42。エコセメントには都市ごみ焼却灰などの廃棄物が 1 トン当たり 500 kg 以上使われている。

化のポイントは動脈と静脈の接点であることと，ASRの引き受けが逆有償取引であることである。

本章の検討により，負の外部性の所有権を獲得し，正の財に転換しているセメント会社は，動脈と静脈が重複している立ち位置にいることと，逆有償取引を行っていることで，その転換を可能にしていることを導出した。また，同社は，負の外部性を正の財に転換する際，詳細で丁寧な事前選別を行うことで，高付加価値の正の財を新たに再生することを意図している。これは一度抹消された所有権の創造であることを論じた。

本章で示された今後の課題は，逆有償取引の本質の検討である。そもそも動脈の取引に逆有償はない。もちろん市場の失敗には制度や税金を投入しての是正も必要ではある。しかし，逆有償取引は，セメント事業者や静脈産業に加え製造時の動脈産業の成長を阻むのではないかという疑念がある。

静脈の出口にはセメント事業，製錬事業，電炉事業等がある。電炉事業は使用済自動車より解体された鉄スクラップを受け入れており，これは需要があるため逆有償にはならない[18]。製錬事業は経営方法が複数あり，破砕事業と垂直統合しながら非鉄金属の再生を行う事業者もあるが，あらゆる残渣から有用な非鉄金属を選別して再生する企業もある。その場合は逆有償ではないが，受け入れる対象物には非鉄金属が含まれたものという制約条件を設け

図表9-4　セメント産業の動脈・静脈システム図

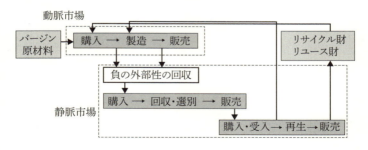

【出所】筆者作成

18　鉄スクラップ価格は変動するため，一概には言い切れない面もあるが，鉄が動脈で使用される限り量の変化はあっても需要はある。

ている。したがって他社と比較し大量に，かつあらゆるものを細かく選別をせずに ASR を受け入れてくれるセメント事業者が逆有償取引を行うことは理にかなっている。

現在の逆有償は自動車の購入者が負担する費用が充当されており，CSR，特に拡大生産者責任の観点で言えば，逆有償によって成り立っている現状は，自動車メーカーの社会的費用の私的費用化の未だ道半ばであるといえよう。再資源化を検討する上で，逆有償の活用の本質的な検討は，今後の課題である。

「再生の経営」が機能するためには，再生資源が，動脈で資源としてストレスや条件付きではなく購入されることが必要である。そうした事柄も踏まえて，「再生の経済」の効く社会について検討する必要がある。

＊本章は，経営行動研究学会第27回全国大会において，タイトル「逆有償による静脈市場の付加価値創造―セメント事業者の自動車再資源化を事例に―」で報告した内容をまとめている。コメンテータや司会の先生，またフロアの先生方から有用なご意見をいただいた。感謝申し上げる。

また，本章は粟屋仁美（2018予定）「逆有償による静脈市場の付加価値創造―セメント事業者の自動車再資源化を事例に―」『経営行動研究年報』第27号，経営行動研究学会を基に加筆している。同学会誌は発行予定のためページ数は未定である。なお，同学会誌は発行前であるが，掲載予定の論文を同書の基として記載することは，経営行動研究学会より了承されている。

＊本章の研究については，文中に述べたように太平洋セメント㈱に多大なご配慮を賜った。ご対応くださり，情報を惜しみなく提供してくださった環境事業部副部長 兼 営業企画グループリーダー 生田 考氏，営業企画グループ参事 花田 隆氏，営業企画グループ主任 鈴木 涼氏に，心より感謝申し上げる。

また，「製錬」の言葉についてご助言くださった三井金属鉱業㈱ 金属事業本部金属事業部営業統括部 リサイクル営業部担当部長 太田洋文氏にも感謝申し上げる。

【参考文献】

Coase, R. H. (1988) *The Firm, The Market, and The Law*, The University of Chicago Press.（宮沢健一・後藤 晃・藤垣芳文訳（1992）『企業・市場・法』東洋経済新報社）

Demsetz, H.（1967）"Toward a Theory of Property Rights,"*American Economic Review* Vol.57 No.2, pp.347-359.

粟屋仁美（2016）「資源有効活用と社会責任経営―自動車リサイクル事業を事例として―」『経営行動研究年報』第25号，経営行動研究学会，pp.10-15。

一般社団法人セメント協会（2015）生産・環境委員会『セメント産業における廃棄物・副産物の有効利用について』「重工業研究会との定例懇談会」2015年10月22日資料。

一般社団法人セメント協会（1994）『セメントの常識』。

一般社団法人セメント協会（2017）『セメントの常識』。

太平洋セメント『CSRレポート2015』。

太平洋セメント『2016年度有価証券報告書』。

金子昌示・立尾浩一・大迫政浩・河井紘輔（2008）「素材産業を活用した動脈・静脈連携システムの設計と評価に関する研究」『廃棄物学会研究発表会講演論文集』第19巻，一般社団法人廃棄物資源循環学会，pp.50-50。

環境省（2017）『平成28年版　環境白書　循環型社会白書/生物多様性白書』。

鐵鋼スラグ協会（2010）『高炉セメント　百年史』。

外川健一（2017）『資源政策と環境政策』原書房。

細田衛士（2005）「逆有償物を「廃棄物」と定義する見解に対する経済学的検討：水戸地方裁判所をめぐって」『三田学会雑誌』第98巻第2号，慶應義塾経済学会，pp.141-155。

細谷俊夫（2010）「セメント産業におけるCO2排出削減の取組み」『コンクリート工学』第48巻第9号，公益社団法人日本コンクリート工学会，pp.51-53。

三浦啓一（2008）「資源リサイクルに貢献するセメント製造」『化学と教育』第56巻第9号，公益社団法人日本化学会，pp.458-459。

向田　靖（2013）「セメント製造企業における廃棄物原価計算」『目白大学経営学研究』第11号，pp.73-88。

一般社団法人セメント協会ホームページ
http://www.jcassoc.or.jp/cement/1jpn/jc7.html　（2017年9月15日確認）
太平洋セメントホームページ
http://www.taiheiyo-cement.co.jp/company/history.html　（2017年6月24日確認）

第10章 再生（資源循環・市場創造）の経営
——矛盾と不変であるもの——

10.1　個別最適と全体最適

　本書では自動車の再資源化を，我々の見える範囲，調べた範囲，情報を獲得した範囲という極めて限定的な範囲[1]ではあるが，社会的費用の私的費用化というCSRの軸を通し，資源の最適配分を検討し，戦略の在り方を考え，その根底の哲学について述べた。対象は時に市場全体であり，静脈市場のみであり，川上の解体事業者であり，川下のセメント事業者でもあった。

　ここまでの議論で，我々は多くの矛盾を提示してきた。

　第一に，静脈領域は社会の課題解決に必要でありながら，動脈に付随しているため，自立・自律が困難であり，より経済性の担保が求められることである。これは静脈の生産財が，動脈で生じる製品の使用後であるからである。

　第二に，静脈領域が機能するには，規模の経済を効かせる必要があり，財となる廃棄物の量が必要となる。しかしながら3Rの上位概念であるリデュースが促進されれば，財のリサイクルやリユースを生業としてきた静脈領域は痛手を負うことになる。社会の永続性に貢献しながら自らの永続性は担保されないのである。

　第三に，制度の功罪である。制度は，社会的費用で賄う外部性に範囲を決める社会の価値観の総意である。どこまでが公共の外部性か，どこからが企業の負担としての内部化かを問う。この価値判断にも矛盾が生じる。もちろん制度は第7章で述べたように目に見える大きな社会的課題の解決を促す。同時に制度が存在することで，それ以上の技術開発が抑制される面もある。サーマルリサイクル（28条認定）は自動車リサイクル法で定められている再資源化であるが，それがあるがゆえに有用な成分が燃料と化す。また制度

1　本書で叙述できなかった領域，例えば自動車の再資源化の川中に位置するシュレッダー事業者のビジネスや，川下の鉄，非鉄の再資源，また国際的な展開については，今後の研究対象とする。

に則る再資源化手法の非効率性が不法行為を産み，愚直に遵守する企業にとっては労多くして益少なしの感が否めない場合もある。時に既存制度が，外部環境や技術の変化により陳腐化することもある。自動車リサイクル法は5年に一度見直されているが，自動車リサイクル料金の妥当性も検討の余地がある[2]。

これらの矛盾には，以下に示すいくつかの要因が背景にある。

まずは，全体最適は個別最適ではないことである。社会のサスティナビリティを可能にするには，環境保護や配慮が必要であることは皆が承知していることである。しかしながら，いざ我が身にふりかかると，バージン材料で製造された商品を求め，適切な処理や廃棄を怠ることもある。社会にとって必要なことが，我々の一時的な快楽とは一致しない。また外部環境の変化により，過去に全体最適であったものがそうでなくなった場合，新たな全体最適が再創造される。その際，市場の摂理である淘汰により，どこかの個別最適が淘汰される。よって全体最適は個別最適ではない。

次に社会的に価値のあるものが，市場交換時に高く評価されるわけではないことである。市場は需要と供給のバランスで決まるため，発生量のポテンシャルと使用量のポテンシャルが異なれば，価格に価値は反映されない。よって社会的な価値と価格は同一ではない。

また価値と価格の不一致は，再生技術の最適性と経営の効率性が異なることも示す。経済効率と社会最適は合致することが社会の大目的ではあるが，時に一致しないのである。よって効率と最適は同一ではない。

社会の大目的は，第1章で述べたように我々の経済的豊かさである。経済的豊かさは，市場交換が成り立つ健全な環境があってこそ実現可能となる。経済的な豊かさで我々が享受する現在の利便性が，将来の環境保全に寄与するか，毀損させるかは，全体最適と個別最適，社会的な価値と価格，技術の最適性と経営の効率性等のバランスにより決定するであろう。

これらがアンバランスである現実の市場や社会は，矛盾が積み重なり，どこかで誰かが得をし，誰かが割を食う。市場の失敗である。Coase（1960）

2　EUにもアメリカにも自動車リサイクル料金を消費者に負担させる制度はない。リサイクル費用は自動車売価に含まれることになるが，それは自動車会社の競争要因のひとつとなる。

第 10 章　再生（資源循環・市場創造）の経営──矛盾と不変であるもの──

の定理では，取引費用がゼロの完全市場の場合，社会・全体の効率性と個別の効率性が一致する。しかし，現実の市場では取引費用が存在することで所有権の配分とは関係なく，社会と個別の効率性は一致しない現象が起きることを指摘する。取引費用の存在する我々の資本主義社会において非効率性は免れない。資本主義社会の主役は，私有財産を交換する企業であるが，企業は大小の矛盾を抱えている。

　矛盾の解決は企業活動であり，次第に市場が形成される。ここで，再び新たな問題が発生し，我々はその解決のために，需要と供給のバランス，技術開発，社会規範を融合させた制度改革が必要になる。しかし，前述したように制度はどこかに効率性をもたらせても，どこかに非効率を生じる。その問題の解決のために，また起業活動が生まれ，企業と成れば市場が形成される。このような社会的に必要な経営行動は，正と負の両方の外部性を常時生じながら循環する。まさに「再生の経営」（市場創造）である[3]。

　財の最適配分が為されるためには，制度に頼るのではなく，取引費用を織り込んだうえでの企業の自立・自律的な行動が期待される。できれば Friedman, M. の述べる政府に依らない，自由市場の見えざる力に委ねることで，資源循環の経済の効く社会を期待したい。それが「再生の経済」である。換言すれば，企業が個別に行う最適化を積み重ねることで，結果的に社会全体の最適化を生む，ということだ。全体最適と個別最適はしばしば相反するが，個別最適の集合体を全体最適とすることは可能だろうか。これは，個別には効率であるが全体では非効率とする Coase（1960）の主張とは異なる。Coase（1960）の差異の要因は取引費用であるゆえ，その削減が課題となる。企業の個別最適が社会全体の取引費用を削減するものであれば，全体最適に近づく。そのための企業の行動が CSR である。経営行動には正しい経営判断を行う経営哲学，経済性をもたらす戦略が必要となる。その結果，個別最適の集合体は全体最適となる。

3　本書では負の外部性を再資源化することで，再び財を市場の提供することを市場の再生と述べているが，ここでは一般的に市場が淘汰と再生産を繰り返すことも含んで述べた。

159

10.2　自動車概念の変革とイノベーション

　使用済自動車の再資源化は，自動車の誕生と共にある。生活を豊かに便利にしてくれる自動車が，我が国に初めて入ったとされるのは 1889 年であるが，阿部（2015）は自動車解体業が形成されたのは，その 20 年から 30 年後と推測する[4]。

　その自動車が現在，T 型フォード誕生以来の転換期を，世界全体を巻き込みながら迎えている。自動車の歴史を，動力を基軸に確認してみよう[5]。1870 年代に電気自動車が欧州で実用化されたことより，自動車の歴史は始まる。1886 年にガソリン車が発明され，1900 年頃には電気自動車とガソリン車が自動車市場を二分していた。1920 年頃に石油価格が下落しガソリン車が普及することとなる。80 年弱の時を経て 1997 年にトヨタがハイブリッド車を発売することで，自動車の動力源の電気化が加速した。2008 年にはテスラ・モーターズ（現在のテスラ）が電気自動車を発売，2014 年にはトヨタが燃料電池車を発売している。

　このように今後，自動車の動力として何を選択するのかが注目されている。どちらにしろ既存のガソリンを使用したエンジンからモーターへ，同時に自動運転へと，自動車の技術は変化する方向にある。また自動車の軽量化を図るために車体の使用材料も樹脂や炭素繊維等の軽量材に置き換わってくる。加えて，個人の所有からシェアリングへ，走行を楽しむ対象から IT とのコネクティングへと，機能や意味も変化する過渡期にある。自動車のコモディティ化は今後進展し，AI の進歩と活用も伴い，自動車の概念が過去と未来では大きく様変わりすることも予測できる。

　そうした激変の時代に，自動車産業の主役である自動車メーカーはもちろん，静脈産業を担う解体事業者，破砕事業者，素材メーカーは対応を迫られるであろう[6]。自動車産業の構造も企業間連携は当然として，今後は予想できない垂直統合，水平統合が生じるかもしれないし，企業によっては自動車

4　阿部（2015）p.1
5　『週刊エコノミスト』2017 年 9 月 12 日号，p.21
6　デトロイト・トーマツコンサルティング（2016）でも自動車産業の変化が分析されている。

産業からの離脱や業態変換による生き残りの策をとることもありうる。自動車産業は意図しなくてもイノベーションの時が到来している。個別最適の在り方が問われる時でもある。

Schumpeter（1977）はイノベーションを，利用できるいろいろな物や力を，これまでとは異なる形で結合する新結合だと述べる。具体的には，

①新しい財貨すなわち消費者の間でまだ知られていない財貨，あるいは新しい品質の財貨の生産

②新しい生産方法の導入

③新しい販路の開拓

④原料あるいは半製品の新しい供給源の獲得

⑤新しい組織の実現

の5点であるる。

アメリカのシリコンバレーにおける IT 産業は，携帯電話を，「持ち歩きのできるパソコン」であるスマートフォンへとイノベーションを起こしたように，自動車を，道路を走る箱から，「タイヤのついたパソコン」へと変えていくことも遠い未来ではない[7]。この変化の時がチャンスでもある。既存技術や概念が変化する時に，動脈での財の製造時に，使用後に再生することを想定した手法が組み込まれれば，資源循環を担う「再生の経営」の実現にも可能性が生まれる。だからチャンスでもある。

10.3　企業の心（経営哲学）と技・体（経営行動）

スポーツをする際に重要なことは，「心・技・体」，すなわち精神力と技術と身体のバランスであるといわれる。資本主義経済社会の交換主体である企業も同様であり，「心」が企業の考え方を示す経営哲学であり，それは理念として明文化される。「技」が企業固有の技術や商品，「体」がコーポレートガバナンスの機能する組織であるといえよう。見た目の良い「技」があった

---

[7] *Los Angeles Times*（19, March, 2015）．テスラ自動車の CEO Elon Musk 氏は，Model S not a car but a 'sophisticated computer on wheels'（モデル S はタイヤを付けた洗練されたコンピューター）と述べていることが書かれている。　http://www.latimes.com/business/autos/la-fi-hy-musk-computer-on-wheels-20150319-story.html（2017年7月8日確認）

としても，ぼろぼろの「体」では持続的に戦えないし，ましてや貧しい「心」しかなければ，商品やサービスも空疎であり滑稽である[8]。

　残念ながら経営者の哲学である「心」は目には見えない。そこで企業は，「心」を企業理念として文言化することで「体」を組成する従業員に伝え，社会にも発信する。文言化された理念を具現化したものが経営行動となる。「技」である商品やサービスは何か，提供方法はどうするのか。そして，それらを担う「体」である組織はどのようなものか。こうした問いへの答えが，戦略を伴う経営行動である。私たちは理念と経営行動のバランスにより，企業の社会に対する姿勢を察知することができる。企業の姿勢は，社会に対する覚悟の現れでもあり，CSR と呼ばれる。

　よって，本書で述べてきた「再生の経営」を企業が経営行動に常時取り込むために，企業理念などに文言化することを期待したい。例えば製品も企業文化もオリジナリティに溢れ，イノベーティブであることで代表的な企業のひとつに，本田技研工業株式会社（以下　ホンダ）[9]がある。同社は企業理念を「Honda フィロソフィー」と称し，「人間尊重」，「三つの喜び」から成る基本理念と，社是，運営方針で構成されるとする。「人間尊重」とは自

8　栗屋（2017）を参考にしている。
9　本田技研工業㈱の本社所在地は東京都港区南青山 2-1-1，設立は 1948 年（昭和 23 年）9 月である。主要製品は二輪車，四輪車，パワープロダクツである。
　　同社の企業理念「Honda フィロソフィー」については，カスタマーファースト本部資源循環推進部部長　阿部知和氏にヒアリングした。（2017 年 6 月 8 日）
　　ホームページで「Honda フィロソフィー」は，以下のように掲げられている。
　「自立とは，既成概念にとらわれず自由に発想し，自らの信念にもとづき主体性を持って行動し，その結果について責任を持つことです。
　　平等とは，お互いに個人の違いを認めあい尊重することです。また，意欲のある人には個人の属性（国籍，性別，学歴など）にかかわりなく，等しく機会が与えられることでもあります。
　　信頼とは，一人ひとりがお互いを認めあい，足らざるところを補いあい，誠意を尽くして自らの役割を果たすことから生まれます。Honda は，ともに働く一人ひとりが常にお互いを信頼しあえる関係でありたいと考えます。」
　　また，「三つの喜び」は以下である。
　「買う喜び：Honda の商品やサービスを通じて，お客様の満足にとどまらない，共鳴や感動を覚えていただくことです。
　　売る喜び：価値ある商品と心のこもった応対・サービスで得られたお客様との信頼関係により，販売やサービスに携わる人が，誇りと喜びを持つことができるということです。
　　創る喜び：お客様や販売店様に喜んでいただくために，その期待を上回る価値の高い商品やサービスをつくり出すことです。」
　　本田技研工業株式会社ホームページ　http://www.honda.co.jp/guide/philosophy/　（2017 年 10 月 8 日確認）

第 10 章　再生（資源循環・市場創造）の経営——矛盾と不変であるもの——

立，平等，信頼であり，「三つの喜び」とは買う喜び，売る喜び，創る喜びである。同社の社員は常にこれらの理念に則り仕事をしている。

　例えばホンダは，使用済み自動車駆動用電池が今後大幅に増加することを課題とし，使用済みのリチウムイオン電池の電極を再利用する技術を開発した[10]。具体的には不純物を取り除いたうえで溶かし，希少金属（レアメタル）のニッケルとコバルトの合金を取り出し，回収した合金は別の種類の蓄電池の電極に使うものである。2020 年までに実証設備を設け，2025 年ごろの実用化を目指すとしている。

　当該取り組みは「再生の経営」の一助である。よって，ホンダの「三つの喜び」の 3 点目「創る喜び」を「創り再生する喜び」とすれば，「再生の経営」がフィロソフィーに組み込まれることになる[11]。

　こうした企業行動は個別最適を求めたものでありながら，それらが集合すれば全体最適に近づくことができよう。

　留意すべきは我々の社会のグローバル化とダイバーシティ（多様性）である。本書では我が国における使用済自動車の再資源化について論じてきたが，世界全体から見れば，特に国境を超えると価値観は多様であり，中古車か，あるいは廃棄されるべき自動車かの基準が異なる。事故車なのか，修理できるのか，運転の安全性は確認されているのか，廃棄なのか，転売するのか。国によって自動車は「自然死」や「生き返り」をする[12]。我が国の常識がダイバーシティの枠組みでは通用しないことがある。

　そうした文化，生活，価値観の混沌だけが理由ではないが，我が国のメーカーは海外に流出する中古車の再資源化を長い間，顧慮の外としてきた。最近では，対応し始めたメーカーもあり，グローバルな視点での個別最適，全体最適の議論は今後に残すことになる。グローバルに「心」，すなわち哲学

10　『日本経済新聞』電子版 2017 年 7 月 30 日
　　環境省環境研究総合推進費「リチウムイオン電池の高度リサイクル（H27～H28 累計予算額
　　60,835 千円）」研究代表者 阿部 知和（本田技研工業株式会社）による。
　　http://www.erca.go.jp/suishinhi/seika/pdf/seika_1_h29/3K152013.pdf#search=％27％E9％98％BF％
　　E9％83％A8％E7％9F％A5％E5％92％8C+％E3％83％AA％E3％83％81％E3％82％
　　A6％E3％83％A0％27　（2017 年 10 月 27 日確認）
11　ホンダの「三つの喜び」に関しては，同社の社員と筆者との議論より生じたアイデアである。
12　喜多川（2017）

を再検討する時が来ている。

10.4　不変であるもの

　経済の変化，技術の変化は非常に激しく，その変化は留まることがない。変化は社会科学では進化経済学として捉えられており，生物学における自然淘汰の理論が経済学のメカニズムに援用されるものである。経営学における企業の目的は利潤の最大化であるが，それは自らのサスティナビリティの手段でもある。サスティナブルな経営の対義は，淘汰による絶滅である。

　一見安泰に見える経済社会でも必ず市場の失敗は生じている。なぜなら限定合理的な人間が財を交換する市場は不完全であり，常に情報の非対称性が起こり，最適な資源の配分が損なわれるからである。よって企業は動態的に経営行動を変化させ，チェック機能を用い，リスクの低減を図る。同時に大小のイノベーションを起こしながら他者との差別化を図り，利潤を獲得する戦略を練る。企業のサスティナビリティの確保のためである。そのためには企業だけではなく我々の住む自然社会のサスティナビリティが必須となる。これは唯一不変である。

　したがって，使用した資源をリピート使用することを所与とした「再生の経営」，そしてそれが，機能する資源循環としての「再生の経済」の効く社会の構築が手段のひとつとなる。渡部（2015）は，社会の知識の進化は，生物体の進化のように偶然によってのみ行われるものではなく，人間の熟慮によって行われるものであると述べる。人間の知性と意思によるビジネスモデルを個別最適として蓄積すれば，全体最適となる。

　資源をリサイクルする「再生の経営」は，単なるコスト逓減・節減にとどまらず，イノベーションによる市場の創造としての再生であり，価値の創造である。自動車のリサイクルの担い手は，静脈の再資源化事業者であり，製造する主体と再生（資源・市場）する主体は異なる。中古車の輸出動向を鑑みれば，製造する場と再生する場も異なる。担い手である主体が異なることにより，「再生の経済」は，動脈と静脈で連携し，産業全体で構築していく概念となる。繰り返すが個別最適の蓄積が全体最適なのである。

第 10 章　再生（資源循環・市場創造）の経営──矛盾と不変であるもの──

　「再生の経営」，「再生の経済」の概念は，規範論と批判もされるであろうが，既存の規模の経済，範囲の経済等と並列で理解され，使用され，企業の自主的なビジネス活動により浸透すれば，我々の社会のサスティナビリティは担保される。規模の経済，範囲の経済は適正な規模，適正な範囲という限界がある。再生の経済も動脈で製造された財が静脈の上限であることを承知したうえで，ボトルネックを凌駕するサスティナビリティを実現することが社会全体の課題であり，全体最適である。

　資源をリサイクルし，市場を創造する「再生の経営」概念が，社会的な価値向上はもちろん，全体でも企業個別でも資源最適配分に寄与するとして，経営学の理論に含有される時代の到来を期待したい。

　さて，最後になったが，本書は新古典派経済学と新制度派経済学の理論を用い，自動車の再資源化ビジネス「再生の経営」から，「再生の経済」の効く社会システムの可能性を，経営学的に論じてきた。再生とは，リサイクルによる資源の再生と，それら資源をリサイクルさせるビジネス・市場の再生（創造）の2点を含む。再資源化による資源循環は，いつの時代も不変に必要であり，実現が求められる課題である。新古典派経済学の描く最適な資源を配分する理念型の完全市場は，非現実的ではあるが，我々が望む全体最適とも考えられる。新制度派経済学が所与とする人間の限定合理性と効用最大化による企業の経営行動は，時に不祥事を起こしながらも知性による熱意を持って意思決定をする。経営哲学を基軸にし，戦略を立て，CSRで具現化する。「再生の経営」に配慮した企業は，自らのサスティナビリティとしての個別最適を獲得するであろう。

　市場を全体，組織を個別（部分）と捉え，限定合理性を積み重ねることで最適資源配分を可能にできるとの仮説は，自動車のリサイクル事業に携わる企業が証明し始めている。自動車は技術の集大成であり，生活の質向上の立役者でもあり，ロマンでもある。ロマンの「その後」が市場の失敗として帰結することを良しとしない「再生の経営」戦略そして，その戦略が効く「再生の経済」社会を提案する。

＊本章の研究については，文中に述べたように本田技研工業㈱カスタマーファー

スト本部資源循環推進部部長　阿部知和氏に多大なご配慮を賜った。心より感謝申し上げる。

【参考文献】

Coase, R.H.（1960）"The Problem of Social Cost," *Journal of Law and Economics.*

Friedman, M.（1980）*Free to Choose*, Penguin Books LTd.（西山千明訳（2002）『選択の自由』日本経済新聞社）

Joseph E. Stiglitz（2014）『入門経済学 第4版』東洋経済新報社。

Schumpeter, J. A., 塩野谷祐一・中山伊知郎・東畑精一訳（1977）『経済発展の理論—企業者利潤・資本・信用・利子および景気の回転に関する一研究〈上〉』岩波書店。

阿部　新（2015）「使用済自動車市場における流通・産業構造の実態分析：日本の1970年代を中心として」『研究論叢（第1部）人文科学・社会科学』第65巻第1号，山口大学教育学部，pp.1-14。

粟屋仁美（2017）「企業理念と経営行動 心・技・体のバランス化」『人間会議』夏号，宣伝会議，pp.58-63。

喜多川和典（2017）「日・欧・北米における自動車のリサイクル」『自動車リサイクルサミットⅢ』報告資料（2017年7月5日開催, 於NEC芝倶楽部　主催IRRSG）。

『週刊エコノミスト』2017年9月12日号。

デトロイト・トーマツコンサルティング（2016）『モビリティ革命2030—自動車産業の破壊と創造—』日経BP社。

渡部直樹（2015）「最終講義 企業研究とその方法」『三田商学研究』第58巻第2号，慶應義塾大学出版会，pp.1-8。

Los Angeles Times（19, March, 2015）
　http://www.latimes.com/business/autos/la-fi-hy-musk-computer-on-wheels-20150319-story.html（2017年7月8日確認）

環境省ホームページ
　http://www.erca.go.jp/suishinhi/seika/pdf/seika_1_h29/3K152013.pdf#search=%27%E9%98%BF%E9%83%A8%E7%9F%A5%E5%92%8C+%E3%83%AA%E3%83%81%E3%82%A6%E3%83%A0%27　（2017年10月27日確認）

本田技研工業株式会社ホームページ
　http://www.honda.co.jp/guide/philosophy/　（2017年10月8日確認）

『日本経済新聞』電子版，2017年7月30日。

おわりに

　最後に，唯々感謝を述べる。

　本書は，博士論文を『CSRと市場』（2012，立教大学出版会）のタイトルで出版した2012年春より，2017年秋までに書き綴ってきた論文を加筆，修正，アップデートして集約したものである。大学院での学びは，研究そのものは孤独ではあったが，共に学ぶ仲間や，ご指導くださる先生方が常に周囲にいらした。しかし，修了後は研究テーマの模索や手法の選択は自己責任となる。使用済自動車の再資源化という研究テーマに行きつくまでに右往左往したものである。

　自動車メーカーに勤務していた私が，自動車の再資源化の研究を行うことは縁であり，責務であるのかもしれない。自動車メーカーの社員であった20代は，働き方もわからず，働くことの意味や意義はもちろん，企業や社会の構造も制度も知らぬまま，ただ目の前の仕事をこなすしかなかった。その後，多くの先輩方にご指南いただき，仲間にも恵まれながら，気づくと研究に没頭する人生を満喫している。すべて皆様のおかげである。

　本書を執筆するに際し，お世話になった方にお礼を述べたい。

　指導教授である立教大学経営学部（大学院ビジネスデザイン研究科）教授亀川雅人先生。社会的費用の私的費用化という経済学的費用理論を援用する学問の主軸をご指導くださったことで，私の研究は継続できている。時に理論構築にとん挫すると，亀川先生は必ず的確な方向性を示唆くださる。最近は直接ご指導いただく機会も少なくなり寂しく感じているが，対顔しなくても「見えざる指導」を受けている。本書の根底には亀川先生の教えがある。また亀川先生の精力的な研究姿勢は，私のゆるぎない羅針盤でもある。

　大学院で共に学んだ立教大学大学院客員教授，一般社団法人日本公認不正検査士協会　理事長　濱田眞樹人先生，また亀川ゼミの兄弟子でもある立教

大学大学院教授，古河電気工業㈱グローバルマーケティングセールス部門企画統括部統括部長　桝谷義雄先生には，多種多様な議論にお付き合いいただき，気づきを与えていただいている。企業経営，戦略，CSR，哲学，倫理などお会いするたびの議論は本研究を推進してくれた。

　学会関連でも慶應義塾大学常任理事　渡部直樹先生，明治学院大学教授大平浩二先生，慶應義塾大学教授　菊澤研宗先生は，大所高所より研究に対しご指導くださり，学会報告などの学びの場を与えてくださった。研究の方向性に迷う私に，理論と実践の両輪より研究すること，経済学的費用理論で個別企業を考察することの意義を説いて聞かせてくださった。そうしたご助言により，自らの研究の独創性を認識でき自信をもつことができた。菊澤先生もご出席なさる渡部先生主催の研究会では，渡部先生の門下の中堅や若手の先生方とディスカッションをさせていただき，多くの知見や刺激をいただいている。

　また勤務先の敬愛大学の同僚の先生方とは，相互に切磋琢磨し研究への情熱を維持させていただいている。

　敬愛大学のゼミ生や学生，非常勤講師先の立教大学，明治学院大学の受講生は，私にとって一番厳しい審判員でもある。教育と研究は両輪であり，よい教育と研究は正比例すると考えているため，学生諸君の講義の理解度・満足度は，私の研究力の程度を如実に表す指標である。学生諸君には本当に鍛えてもらったし，元気ももらった。

　東洋大学大学院生の世良和美氏への感謝は計り知れない。彼女は長年の研究仲間であり，本書はもちろんのこと，私の研究に対して常に適切な助言，そして文章の丁寧な校正をしてくれる。私がこうして研究を発表できるのは彼女の存在があるからだ。

　そして何より，使用済自動車の再資源化研究に関しては，熊本大学教授外川健一先生に心より感謝している。2013年の夏，自動車のリサイクル研究の権威である外川先生に，お会いしたこともないのに厚かましくもご連絡を差し上げ，ご指導いただいた時より，当該研究は進む。外川先生は研究手法に迷う私を，自動車のリサイクルに取り組む産官学の研究会に招いてくだ

さった。外川先生と学問領域の専門は異なるが，企業の現場を学問に反映させる手法を教えていただいた。外川先生の後輩の熊本学園大学の木村眞実先生とも，情報交換をさせていただいている。

産官学で形成される広島資源循環プロジェクト，SR 研究会の皆様には，生きたビジネスを魅せていただいた。両研究会を主宰しているエコメビウス木原忠志氏のご配慮もあり，関連する多くの企業の方との接点ができ，本書を書くに至っている。こうした産官学を横断するご縁は，私の研究のオリジナリティであり土台であり，財産である。ヒアリングに応じてくださった企業様，常に私の質問に丁寧に答えてくださるメンバーの皆様に心より感謝する。本来であればお名前を明記すべきであるが，大学の教員とは異なる企業人の皆様であるゆえ，控えることとする。

なお本研究は，平成 27 年度 JSPS 科研費 15K03716「自動車リサイクルビジネスにおける戦略性の検討」，平成 24 年度 JSPS 科研費 24530515「環境ビジネスの戦略性に関する研究―所有権理論と企業間関係論より―」の助成を受けたものである。また，文部科学省平成 21 年度戦略的研究基盤形成支援事業立教大学「ビジネスクリエーターが創るインテリジェント・デザイン型企業・組織と人材育成手法の実践的研究」で行った研究も基になっている。

そして本書は「平成 29 年度　敬愛大学総合地域研究所　出版助成金」により出版させていただく運びとなった。研究の環境を整え，かつ，その内容を世に問う機会を与えてくださる敬愛大学に深く感謝する次第である。発刊の労を取ってくださった白桃書房の代表取締役社長　大矢栄一郎氏，丁寧に校正をしてくださった編集部にもお礼を申し上げる。

紙幅の都合上，ここに記せない方もおられ，感謝の気持ちを書ききれないことが残念である。

最後に，私の研究をいつも支え見守ってくれる夫と娘に，心からのお礼とお詫びを込めて本書を贈る。

2018 年 2 月

三寒四温の東京で

粟屋仁美

索　引

数字・アルファベット

3R　　7
ASR　　37
Circular Economy　　8
CSR　　2, 15
ESG　　93
SWOT 分析　　116

あ　行

イノベーション　　161
宇沢　　101
エコトレー　　83
欧州連合（EU）　　8

か　行

外部性　　4, 22
拡大生産者責任　　11, 78
カスケードリサイクル　　21
価値　　56
価値と価格の不一致　　158
環境基本法　　21
環境産業　　70
環境ビジネス　　20
環境問題　　20
完全市場　　159
機会費用　　48
企業間関係　　69
規模の経済　　6
逆有償　　38
競争戦略論　　3
グッズ　　97
経済学的費用　　48
限定合理性　　2
厚生経済学　　29
個別最適　　158

さ　行

サーマルリサイクル　　21
財産権　　29
再生資源　　13
再生の経営　　1, 9
再生の経済　　1, 9
再生品　　13
資源生産性　　30
資源の最適配分　　15
資源の適正配分　　79
資源ベース理論　　3
市場創造　　82
市場の失敗　　4, 5
市場の創造　　15
持続可能　　62
自動車解体事業者　　15
自動車リサイクル促進センター　　41
自動車リサイクル法　　12
資本主義社会　　2
社会的課題　　19
社会的費用の私的費用化　　15
社会と企業の目的と手段の連鎖　　2
循環型経済システム　　7
循環型社会　　7, 97
循環型社会形成推進基本法　　10
循環資源　　97
使用済自動車　　15
静脈　　14
所有権　　27
所有権理論　　15
新古典派経済学　　1
新制度派経済学　　2
垂直統合　　90
水平リサイクル　　21
ステークホルダー　　12
静態的 CSR　　23
製品のライフサイクル　　12

製品─市場マトリックス　131
製錬　68
セメント産業　145
セメント事業　140
全体最適　2，158
戦略（Strategy）　2，3
素材産業　16

リユース（Reuse，再使用）　7

た 行

ダイナミック・ケイパビリティ　4
哲学　2，15
動態的 CSR　4，23
動脈　14
都市鉱山　62
豊島問題　10
取引コスト理論　103
取引費用　27

な 行

内部化　23

は 行

廃棄物　10，97
バッズ　97
範囲の経済　6
付加価値　16，65
不条理　82
負の外部性　4
部分最適　2
不法投棄・不適正保管車両問題　41

ま 行

マテリアルリサイクル　21

や 行

有価物化　20

ら 行

リサイクル（Recycle，再資源化）　7
リサイクル料金　54
利潤　23
リデュース（Reduce，発生抑制）　7

■ 著者略歴

栗屋仁美（あわや　ひとみ）

経営管理学博士（立教大学）。専門は CSR（企業の社会的責任）論，経営戦略論。
自動車メーカー勤務，比治山大学短期大学部准教授を経て，現在 敬愛大学経済学部経営学科教授。
経営哲学学会常任理事，ビジネスクリエーター研究学会常任理事，広島市環境運営審議員など。主な著書に『CSR と市場―市場機能における CSR の意義』（立教大学出版会，2012 年）。同書は 日本経営会計学会 学会賞（著書の部）受賞。その他論文多数。

■ 再生の経営学　〈敬愛大学学術叢書15〉
―自動車静脈産業の資源循環と市場の創造

■ 発行日――2018年3月31日　初 版 発 行　　　〈検印省略〉

■ 著　者――栗屋仁美

■ 発行者――大矢栄一郎

■ 発行所――株式会社 白桃書房
〒101-0021　東京都千代田区外神田5-1-15
☎ 03-3836-4781　⒡ 03-3836-9370　振替00100-4-20192
http : //www.hakutou.co.jp/

■ 印刷・製本――藤原印刷

© Hitomi Awaya 2018 Printed in Japan
ISBN 978-4-561-26709-6 C3334

本書のコピー，スキャン，デジタル化等の無断複製は著作権法上での例外を除き禁じられています。本書を代行業者等の第三者に依頼してスキャンやデジタル化することは，たとえ個人や家庭内の利用であっても著作権上認められておりません。

JCOPY ＜(社)出版者著作権管理機構 委託出版物＞
本書の無断複写は著作権法上での例外を除き禁じられています。複写される場合は，そのつど事前に，(社)出版者著作権管理機構（電話03-3513-6969，FAX03-3513-6979，e-mail : info@jcopy.or.jp）の許諾を得てください。
落丁本・乱丁本はおとりかえいたします。

敬愛大学学術叢書

阿部　学【著】

子どもの「遊びこむ」姿を求めて
—保育実践を支えるリアリティとファンタジーの多層構造

本体 3,700 円

平屋伸洋【著】

レピュテーション・ダイナミクス

本体 4,500 円

青木英一・仁平耕一【編】

変貌する千葉経済
—新しい可能性を求めて

本体 3,800 円

金子林太郎【著】

産業廃棄物税の制度設計
—循環型社会の形成促進と地域環境の保全に向けて

本体 3,500 円

仁平耕一【著】

産業連関分析の理論と適用

本体 3,300 円

和田良子【著】

Experimental Analysis of Decision Making
—Choice Over Time and Attitude toward Ambiguity

本体 2,800 円

松中完二【著】

現代英語語彙の多義構造〔理論編〕〔実証編〕
—認知論的視点から

本体 各 3,700 円

澤　護【著】

横浜外国人居留地ホテル史

本体 3,500 円

加茂川益郎【著】

国民国家と資本主義

本体 3,400 円

———————東京　白桃書房　神田———————

本広告の価格は本体価格です。別途消費税が加算されます。